Desalegn Amenu
Ayantu Nugusa

Microbiologia

Desalegn Amenu
Ayantu Nugusa

Microbiologia

Materiais didácticos de microbiologia geral

ScienciaScripts

Imprint

Any brand names and product names mentioned in this book are subject to trademark, brand or patent protection and are trademarks or registered trademarks of their respective holders. The use of brand names, product names, common names, trade names, product descriptions etc. even without a particular marking in this work is in no way to be construed to mean that such names may be regarded as unrestricted in respect of trademark and brand protection legislation and could thus be used by anyone.

Cover image: www.ingimage.com

This book is a translation from the original published under ISBN 978-620-7-63935-9.

Publisher:
Sciencia Scripts
is a trademark of
Dodo Books Indian Ocean Ltd. and OmniScriptum S.R.L publishing group

120 High Road, East Finchley, London, N2 9ED, United Kingdom
Str. Armeneasca 28/1, office 1, Chisinau MD-2012, Republic of Moldova, Europe
Printed at: see last page
ISBN: 978-620-7-62308-2

Índice

1. Introdução e história da microbiologia

1.1.   Definição e âmbito da microbiologia

A microbiologia tem sido frequentemente definida como o estudo de organismos e agentes demasiado pequenos para serem vistos claramente a olho nu, ou seja, o estudo dos **microrganismos.** Uma vez que os objectos com menos de um milímetro de diâmetro não podem ser vistos claramente e têm de ser examinados com um microscópio, a microbiologia ocupa-se principalmente de organismos e agentes tão pequenos ou mais pequenos. Os seus temas são os vírus, as bactérias, muitas algas e fungos, e os protozoários. No entanto, outros membros destes grupos, particularmente algumas algas e fungos, são maiores e bastante visíveis. Por exemplo, os bolores do pão e as algas filamentosas são estudados pelos microbiologistas, mas são visíveis a olho nu. Também foram descobertas duas bactérias que são visíveis sem microscópio, *a Thiomargarita* e a *Epulopiscium*. A dificuldade em estabelecer as fronteiras da microbiologia levou Roger Stanier a sugerir que o campo fosse definido não só em termos da dimensão dos seus temas, mas também em termos das suas técnicas. Normalmente, um microbiologista começa por isolar um microrganismo específico de uma população e depois cultiva-o. Assim, a microbiologia emprega técnicas como a esterilização e a utilização de meios de cultura que são necessárias para o isolamento e crescimento bem sucedidos dos microrganismos.

A ciência da microbiologia remonta a apenas 200 anos, mas a recente descoberta de *ADN da Mycobacterium tuberculosis* em múmias egípcias com 3000 anos recorda-nos que os microrganismos existem há muito mais tempo. De facto, os antepassados das bactérias foram as primeiras células vivas a aparecer na Terra. Embora saibamos relativamente pouco sobre o que os povos anteriores pensavam sobre as causas, a transmissão e o tratamento das doenças, a história das últimas centenas de anos é mais conhecida. Vejamos agora alguns dos principais desenvolvimentos em microbiologia que impulsionaram o campo para o seu atual estado de alta tecnologia.

1.2.   Evolução histórica da microbiologia

Uma das descobertas mais importantes da história da biologia ocorreu em 1665 com a ajuda de um microscópio relativamente rudimentar. Depois de observar uma fina fatia de cortiça, um inglês, Robert Hooke, comunicou ao mundo que as unidades estruturais mais pequenas da vida eram "pequenas caixas" ou "células", como lhes chamou. Usando a sua versão melhorada de um microscópio composto (um microscópio que usa dois conjuntos de lentes), Hooke foi capaz de ver células individuais. A descoberta de Hooke marcou o início da teoria celular, a teoria de que *todos os seres vivos são compostos por células*. As investigações subsequentes sobre a estrutura e as funções das células basearam-se nesta teoria. Embora o microscópio de Hooke fosse capaz de mostrar células grandes, faltava-lhe a resolução que lhe permitiria ver claramente os micróbios. O comerciante e cientista amador holandês Anton van Leeuwenhoek foi provavelmente o primeiro a observar microrganismos vivos através das lentes de aumento dos mais de 400 microscópios que construiu. Entre 1673 e 1723, escreveu uma série de cartas à Royal Society de Londres descrevendo os **"animalcules"** que via através do seu microscópio simples de lente única. Van Leeuwenhoek fez desenhos pormenorizados de "animalcules" na água da chuva, nas suas próprias fezes e em material raspado dos seus dentes. Estes desenhos foram entretanto identificados como representações de bactérias e protozoários.

1.2.1. Teoria da geração espontânea

O Debate sobre a Geração Espontânea Depois de van Leeuwenhoek ter descoberto o mundo anteriormente "invisível" dos microrganismos, a comunidade científica da época interessou-se pelas origens destes pequenos seres vivos. Até à segunda metade do século XIX, muitos cientistas e filósofos acreditavam que algumas formas de vida podiam surgir espontaneamente a partir de materiais não vivos; chamavam a este processo hipotético geração espontânea. Há pouco mais de 100 anos, era comum acreditar-se que os sapos, as cobras e os ratos podiam nascer do solo húmido, que as moscas podiam surgir do estrume e que as larvas das moscas podiam surgir de cadáveres em decomposição.

Provas Pro e Can

Um forte opositor da geração espontânea, o médico italiano Francesco Redi propôs-se, em 1668 (mesmo antes da descoberta da vida microscópica por van Leeuwenhoek), demonstrar que as larvas não surgiam espontaneamente da carne em decomposição. Redi encheu dois frascos com carne em decomposição. O primeiro não foi fechado; as moscas puseram os seus ovos na carne e os ovos desenvolveram-se em larvas. O segundo frasco foi fechado e, como as moscas não podiam pôr os ovos na carne, não apareceram larvas. No entanto, os antagonistas de Redi não estavam convencidos; afirmavam que era necessário ar fresco para a geração espontânea. Assim, Redi fez uma segunda experiência, na qual cobriu um frasco com <l rede fina em vez de o fechar. No frasco coberto com gaze não apareceram larvas, mesmo com a presença de ar. As larvas só apareceram quando se permitiu que as moscas deixassem os seus ovos na carne.

Os resultados de Red foram um rude golpe para a crença de longa data de que as grandes formas de vida podiam surgir a partir de matéria não viva. No entanto, muitos cientistas ainda acreditavam que pequenos organismos, como os "animalcules" de van Leeuwenhoek, eram suficientemente simples para serem gerados a partir de materiais não vivos. O argumento a favor da geração espontânea de microrganismos parece ter sido reforçado em 1745, quando John Needham, um inglês, descobriu que, mesmo depois de aquecer líquidos nutritivos (caldo de galinha e caldo de milho) antes de os deitar em frascos tapados, as soluções arrefecidas ficavam rapidamente repletas de microrganismos. Needham afirmou que os micróbios se desenvolviam espontaneamente a partir dos fluidos. Vinte anos mais tarde, Lazzaro Spallanzani, um cientista italiano, sugeriu que os microrganismos do ar tinham provavelmente entrado nas soluções de Needham depois de estas terem sido fervidas. Spallanzani demonstrou que os fluidos nutritivos aquecidos *após* terem sido selados num frasco não desenvolviam crescimento microbiano. Needham respondeu afirmando que a "força vital" necessária para a geração espontânea tinha sido destruída pelo calor e era mantida fora dos frascos pelos selos. Esta "força vital" intangível ganhou ainda mais credibilidade pouco depois da experiência de Spallanzan, quando Anton Laurent Lavoisier demonstrou a importância do oxigénio para a vida.

As observações de Spallanzani foram criticadas com o argumento de que não havia oxigénio suficiente nos frascos em escala para suportar a vida microbiana.

A teoria da biogénese

A questão ainda não estava resolvida em 1858, quando o cientista alemão Rudolf Virchow contestou a geração espontânea com o conceito de biogénese, afirmando que as células vivas só podem surgir a partir de células vivas pré-existentes. Os argumentos sobre a geração espontânea continuaram até 1861, altura em que a questão foi resolvida pelo cientista francês Louis Pasteur. Com uma série de experiências engenhosas e persuasivas, Pasteur demonstrou que os microrganismos estão presentes no ar e podem contaminar soluções estéreis, mas que o ar em si não cria micróbios. Encheu vários frascos de gargalo curto com caldo de carne e depois ferveu os recipientes. Alguns foram deixados abertos e arrefeceram. Em poucos dias, verificou-se que esses frascos estavam contaminados com micróbios. Os outros frascos, escamados após a fervura, estavam livres de microrganismos. A partir destes resultados, Pasteur concluiu que os micróbios no ar eram os agentes responsáveis pela contaminação de matéria não viva, como os caldos nos frascos de Needham. De seguida, Pasteur colocou o caldo em frascos abertos de gargalo longo e dobrou os gargalos em forma de S. O conteúdo destes frascos foi então fervido e arrefecido. O caldo nos frascos não se decompôs e não mostrou sinais de vida, mesmo após meses. A conceção única de Pasteur permitia a passagem de ar para o interior do frasco, mas o gargalo curvo prendia quaisquer microrganismos transportados pelo ar que pudessem contaminar o caldo. (Alguns destes recipientes originais ainda se encontram em exposição no Instituto Pasteur em Paris. Foram selados mas, tal como o frasco apresentado na Figura 1.3, não mostram sinais de contaminação mais de 100 anos depois). Pasteur demonstrou que os microrganismos podem estar presentes em matéria não viva - em sólidos, em líquidos e no ar. Além disso, demonstrou de forma conclusiva que a vida microbiana pode ser destruída pelo calor e que podem ser concebidos métodos para bloquear o acesso de microrganismos transportados pelo ar a ambientes nutritivos. Estas descobertas constituem a base das técnicas assépticas, técnicas que previnem a contaminação por microrganismos indesejáveis, que são atualmente a prática normal em laboratório e em muitos procedimentos médicos. As técnicas assépticas modernas estão entre as primeiras e mais importantes coisas que um microbiologista principiante aprende. O trabalho de Pasteur forneceu provas de que os microrganismos não podem ter origem em forças místicas presentes em materiais não vivos. Pelo contrário, qualquer aparecimento de vida "espontânea" em soluções não vivas pode ser atribuído a microrganismos que já estavam presentes no ar ou nos próprios fluidos. Os cientistas acreditam agora que uma forma de geração espontânea provavelmente ocorreu na Terra primitiva quando a vida começou, mas concordam que isso não acontece nas condições ambientais actuais.

A idade de ouro da microbiologia

Durante cerca de 60 anos, a partir do trabalho de Pasteur, registou-se uma explosão de descobertas no domínio da microbiologia. O período de 1857 a 1914 foi apropriadamente designado como a Idade de Ouro da Microbiologia. Durante este período, os rápidos avanços, liderados principalmente por Pasteur e Robert Koch, levaram ao estabelecimento da microbiologia como uma ciência. As descobertas durante estes anos incluíram tanto os agentes de muitas doenças como o papel da imunidade na prevenção e cura de doenças. Durante este período produtivo, os microbiologistas estudaram as actividades químicas dos microrganismos, melhoraram as técnicas de microscopia e de cultura de microrganismos e desenvolveram vacinas e técnicas cirúrgicas.

Fermentação e Pasteurização

Um dos principais passos que estabeleceram a relação entre microrganismos e doenças ocorreu quando um grupo de comerciantes franceses pediu a Pasteur que descobrisse porque é que o vinho e a cerveja azedavam. Esperavam desenvolver um método que evitasse a deterioração quando essas bebidas fossem transportadas por longas distâncias. Na altura, muitos cientistas acreditavam que o ar convertia os açúcares destes líquidos em álcool. Em vez disso, Pasteur descobriu que os microorganismos chamados leveduras convertiam os açúcares em álcool na ausência de ar.

Este processo, denominado fermentação, é utilizado para produzir vinho e cerveja. A acidificação e a deterioração são causadas por diferentes microrganismos chamados bactérias. Na presença de ar, as bactérias transformam o álcool da bebida em vinagre (ácido acético). A solução de Pasteur para o problema da deterioração foi aquecer a cerveja e o vinho apenas o suficiente para matar a maioria das bactérias que causavam a deterioração. O processo, denominado pasteurização, é atualmente utilizado para reduzir a deterioração e matar as bactérias potencialmente nocivas do leite, bem como de algumas bebidas alcoólicas. Mostrar a ligação entre a deterioração dos alimentos e os microrganismos foi um passo importante para estabelecer a relação entre as doenças e os micróbios.

1.2.2. A teoria germinal das doenças

Como vimos, o facto de muitos tipos de doenças estarem relacionados com microrganismos era desconhecido até há relativamente pouco tempo. Antes da época de Pasteur, os tratamentos eficazes para muitas doenças foram descobertos por tentativa e erro, mas as causas das doenças eram desconhecidas. A constatação de que as leveduras desempenham um papel crucial na fermentação foi a primeira ligação entre a atividade de um microrganismo e as alterações físicas e químicas dos materiais orgânicos. Esta descoberta alertou os cientistas para a possibilidade de os microrganismos poderem ter relações semelhantes com as plantas e os animais e, especificamente, de os microrganismos poderem causar doenças. Esta ideia ficou conhecida como a teoria germinal da doença. Na altura, a teoria dos germes era um conceito difícil de aceitar para muitas pessoas, pois durante séculos acreditou-se que a doença era um castigo pelos crimes ou delitos de um indivíduo. Quando os habitantes de uma aldeia inteira adoeciam, as pessoas atribuíam a doença a demónios que apareciam sob a forma de odores fétidos dos esgotos ou de vapores venenosos dos pântanos.

A maioria das pessoas nascidas na época de Pasteur achava inconcebível que a informação dos micróbios "invisíveis" fosse necessária para apoiar a nova teoria dos germes. Em 1865, Pasteur foi chamado a ajudar a combater a doença do bicho-da-seda, que estava a arruinar a indústria da seda em toda a Europa. Anos antes, em 1835, Agostino Bassi, um microscogista amador, tinha provado que outra doença do bicho-da-seda era causada por um fungo. Utilizando os dados fornecidos por Bassi, Pasteur descobriu que a infeção mais recente era causada por um protozoário e desenvolveu um método para reconhecer as traças do bicho-da-seda afectadas. Na década de 186, Joseph Lister, um cirurgião inglês, aplicou a teoria dos germes aos procedimentos médicos. Lister sabia que, na década de 1840, o médico húngaro Ignaz Semmelweis tinha demonstrado que os médicos, que na altura não desinfectavam as mãos, transmitiam regularmente infecções (febre puerperal, ou do parto) de uma doente obstétrica para outra. Lister também tinha ouvido falar dos trabalhos de Pasteur que relacionavam os micróbios com as doenças dos animais. Na altura, não se utilizavam desinfectantes, mas Lister sabia que o fenol (ácido carbólico) mata as bactérias, pelo que começou a tratar as feridas cirúrgicas com uma solução de fenol. A prática reduziu de tal forma a incidência de infecções e mortes que outros cirurgiões rapidamente a adoptaram. A técnica de Lister foi uma das primeiras tentativas médicas para controlar as infecções causadas por microrganismos. De facto, as suas descobertas provaram que os microrganismos causam infecções em feridas cirúrgicas. A primeira prova de que as bactérias podem de facto causar doenças veio de Robert Koch em 1876. Koch, um médico alemão, era o jovem rival de Pasteur na corrida para descobrir a causa do carbúnculo, uma doença que estava a destruir gado bovino e ovino na Europa. Koch descobriu bactérias em forma de bastonete, atualmente conhecidas como *Bacillus anthracis,* no sangue de gado que tinha morrido de carbúnculo. Cultivou a bactéria em nutrientes e depois injectou amostras da cultura em animais saudáveis. Quando estes animais adoeceram e morreram, Koch isolou as bactérias do seu sangue e comparou-as com as bactérias originalmente isoladas. Descobriu que os dois conjuntos de culturas de sangue continham as mesmas bactérias. Koch estabeleceu assim uma sequência de passos experimentais para relacionar diretamente um micróbio específico com uma doença específica. Estes passos são conhecidos atualmente como os **postulados** de Koch. Durante os últimos 100 anos, estes mesmos critérios têm sido inestimáveis em investigações que provam que microorganismos específicos causam muitas doenças.

A primeira demonstração direta do papel das bactérias como causadoras de doenças veio do estudo do carbúnculo pelo médico alemão Robert Koch (1843-1910). Koch utilizou os critérios propostos pelo seu antigo professor, Jacob Henle (1809-1885), para estabelecer a relação entre *o Bacillus anthracis* e o carbúnculo, e publicou as suas descobertas em 1876 (discute brevemente o método científico). Koch injectou em ratos saudáveis material de animais doentes e os ratos adoeceram. Depois de transferir o carbúnculo por inoculação através de uma série de 20 ratinhos, incubou um pedaço de baço contendo o bacilo do carbúnculo em soro de vaca. Os bacilos cresceram, reproduziram-se e produziram esporos. Quando os bacilos isolados ou os esporos foram injectados em ratos, o carbúnculo desenvolveu-se. Os seus critérios para provar a relação causal entre um microrganismo e uma doença específica são conhecidos como **postulados de Koch** e podem ser resumidos da seguinte forma

1. O microrganismo deve estar presente em todos os casos de doença, mas ausente nos organismos saudáveis.

2. O microrganismo suspeito deve ser isolado e cultivado numa cultura pura.

3. A mesma doença deve resultar quando o microrganismo isolado é inoculado num hospedeiro saudável.

4. O mesmo microrganismo deve ser novamente isolado do hospedeiro doente.

Embora Koch tenha usado a abordagem geral descrita nos postulados durante os seus estudos sobre o carbúnculo, não os delineou completamente até à sua publicação de 1884 sobre a causa da tuberculose. A prova de Koch de que *o Bacillus anthracis* causava o carbúnculo foi confirmada independentemente por Pasteur e os seus colegas. Descobriram que, após o enterramento de animais mortos, os esporos do carbúnculo sobreviviam e eram trazidos à superfície por minhocas. Os animais saudáveis ingeriam então os esporos e ficavam doentes.

1.3.   O âmbito e a importância da microbiologia

Como salientou o escritor-cientista Steven Jay Gould, vivemos na Era das Bactérias. Foram os primeiros organismos vivos do nosso planeta, vivem praticamente em todos os sítios onde a vida é possível, são mais numerosas do que qualquer outro tipo de organismo e constituem provavelmente a maior componente da biomassa da Terra. Todo o ecossistema depende das suas actividades e elas influenciam a sociedade humana de inúmeras formas. Assim, a microbiologia moderna é uma grande disciplina com muitas especialidades diferentes; tem um grande impacto em domínios como a medicina, as ciências agrícolas e alimentares, a ecologia, a genética, a bioquímica e a biologia molecular. Por exemplo, a microbiologia tem contribuído muito para o aparecimento da biologia molecular, o ramo da biologia que se ocupa dos aspectos físicos e químicos da matéria viva e da sua função. Os microbiologistas têm estado profundamente envolvidos em estudos sobre o código genético e os mecanismos de síntese de ADN, ARN e proteínas.

Os microrganismos foram utilizados em muitos dos primeiros estudos sobre a regulação da expressão genética e o controlo da atividade enzimática. Nos anos 70, novas descobertas em microbiologia levaram ao desenvolvimento da tecnologia do ADN recombinante e da engenharia genética. Os mecanismos de síntese de ADN, ARN e proteínas, ADN recombinante e engenharia genética. Uma indicação da importância da microbiologia no século XX é o Prémio Nobel atribuído a trabalhos em fisiologia ou medicina. Cerca de 1/3 destes prémios foram atribuídos a cientistas que trabalharam em problemas microbiológicos. A microbiologia tem tanto aspectos básicos como aplicados. Muitos microbiologistas interessam-se principalmente pela biologia dos próprios microrganismos. Podem centrar-se num grupo específico de microrganismos e ser designados por virologistas (vírus), bacteriologistas (bactérias), ficologistas ou algologistas (algas), micologistas (fungos) ou protozoologistas (protozoários). Outros estão interessados na morfologia microbiana ou em processos funcionais específicos e trabalham em domínios como a citologia microbiana, a fisiologia microbiana, a ecologia microbiana, a genética microbiana e a biologia molecular e a taxonomia microbiana. É claro que uma pessoa pode ser considerada de ambas as formas (por exemplo, como um bacteriologista que trabalha em problemas taxonómicos). Muitos microbiologistas têm uma orientação mais aplicada e trabalham em problemas práticos em domínios como a microbiologia médica, a microbiologia alimentar e dos produtos lácteos e a microbiologia da saúde pública (nestes domínios também se realiza investigação fundamental). Uma vez que os vários domínios da microbiologia estão inter-relacionados, um microbiologista aplicado deve estar familiarizado com a microbiologia básica. Por exemplo, um microbiologista médico deve ter uma boa compreensão da taxonomia, genética, imunologia e fisiologia microbianas para identificar e responder adequadamente ao agente patogénico em causa.

Perguntas de revisão

1. Como é que a teoria da biogénese abriu caminho à teoria germinal das doenças?

2. Apesar de a teoria dos germes da doença só ter sido demonstrada em 1876, porque é que Semmelweis (1840) e Lister (1867) defenderam a utilização de técnicas assépticas?

3. Encontre pelo menos três produtos de supermercado feitos por microorganismos. (Sugestão: O rótulo deve indicar o nome científico do organismo ou incluir a palavra.

4. As pessoas acreditavam que todas as doenças microbianas estariam controladas no século XXI. Indique uma doença infecciosa emergente.

2. Métodos em microbiologia

2.1.Esterilização de meios e equipamentos

A esterilização é o processo de tornar um meio ou material livre de todas as formas de vida. Existem três formas básicas de esterilização de meios e materiais. A abordagem mais útil é a **autoclavagem,** na qual os artigos são esterilizados por exposição a vapor a 121°C e 15 lbs de pressão durante 15 minutos ou mais, dependendo da natureza do artigo. Nestas condições, os microrganismos, mesmo os endosporos, não sobreviverão mais do que cerca de 12 a 13 minutos. Este método é rápido e fiável. Os autoclaves modernos são concebidos para garantir que todo o ar foi expelido e que apenas existe vapor na câmara do autoclave. A sua temperatura também é cuidadosamente controlada. Quase todos os meios e qualquer outra coisa que resista a temperaturas de 121°C e ao vapor podem ser esterilizados desta forma. Muitas vezes, é necessário esterilizar material de vidro seco, como pipetas e placas de Petri. O vapor tende a gravar o material de vidro e também o deixa húmido. Por isso, estes artigos são geralmente **esterilizados por calor seco.** O material de vidro é colocado num forno elétrico regulado para funcionar entre 160° e 170°C. Uma vez que o calor seco não é tão eficaz como o calor húmido, o material de vidro deve ser mantido a esta temperatura durante cerca de 2 horas ou mais. A temperatura do forno não deve subir acima dos 180°C ou qualquer algodão ou papel presente carbonizar-se-á.

Por vezes, os meios têm de ser fabricados a partir de componentes que não suportam o aquecimento a 121°C. Um meio deste tipo pode ser esterilizado passando-o através de um **filtro bacteriológico,** que remove fisicamente as bactérias e os microrganismos maiores da solução, esterilizando-os assim sem calor. Os filtros de vidro sinterizado com discos ultrafinos e fendidos (poros de 0,9 a 1,4 µm) e os funis de filtração de amianto Seitz (3 mm de espessura com poros de 0,1 μm) são ambos bastante eficazes na esterilização de soluções. No entanto, se forem utilizados poros de tamanho superior a 0,22 _m, há uma probabilidade extremamente elevada de o filtrado não ser estéril. De longe, a abordagem mais útil e popular é a utilização de membranas estéreis especialmente preparadas, à base de celulose ou policarbonato, com o tamanho de poro adequado. Geralmente, são utilizadas membranas com poros de 0,22 _m para a esterilização. Existe um grande número de dispositivos disponíveis no mercado para a esterilização de membranas de grandes e pequenos volumes. Por exemplo, pode utilizar um frasco de filtro com vácuo ou uma seringa com pressão positiva para forçar o líquido através de um suporte de filtro de membrana especial. Duas outras técnicas de esterilização utilizam a radiação ultravioleta e o óxido de etileno. **A radiação ultravioleta (UV)** de cerca de 260 nm é bastante letal para muitos microrganismos, mas não penetra muito eficazmente no vidro, nas películas de sujidade, na água e noutras substâncias. Devido a esta desvantagem, a radiação UV é utilizada como agente esterilizante apenas em algumas situações específicas. Por exemplo, as lâmpadas UV são por vezes colocadas nos tectos das salas ou em armários de segurança biológica para esterilizar o ar e quaisquer superfícies expostas. Muitos artigos sensíveis ao calor, tais como placas de Petri de plástico descartáveis e seringas, suturas e cateteres, são atualmente esterilizados com gás **de óxido de etileno**. O óxido de etileno é microbicida e esporicida e mata por ligação covalente às proteínas celulares. É um agente esterilizante particularmente eficaz porque penetra rapidamente nos materiais de embalagem, mesmo nos invólucros de plástico.

2.2. Meios de cultura microbiológicos

A sobrevivência e o crescimento dos microrganismos dependem dos nutrientes disponíveis e de um ambiente de crescimento favorável. No laboratório, as preparações de nutrientes que são utilizadas para a cultura de microrganismos são designadas por **meios** (no singular, **meio**). São utilizadas três formas físicas: **meios líquidos,** ou **caldos, meios semi-sólidos** e **meios sólidos.** A principal diferença entre estes meios é que os meios sólidos e semi-sólidos contêm um agente solidificante (geralmente **ágar**), enquanto que um meio líquido não o contém. Os meios líquidos, como o caldo de nutrientes, o caldo de soja tríptico ou o caldo de infusão de cérebro-coração, podem ser utilizados para propagar um grande número de microrganismos em estudos de fermentação e para vários testes bioquímicos. Os meios semi-sólidos podem também ser utilizados em estudos de fermentação, na determinação da motilidade bacteriana e na promoção do crescimento anaeróbio. Os meios sólidos, como o ágar nutriente ou o ágar sangue, são utilizados (1) para o crescimento superficial de microrganismos, a fim de observar o aspeto das colónias, (2) para o isolamento de culturas puras, (3) para o armazenamento de culturas e (4) para observar reacções bioquímicas específicas.

Enquanto se encontram no estado liquefeito, os meios sólidos podem ser vertidos num tubo de ensaio ou numa placa de Petri. Se se permitir que o meio no tubo de ensaio endureça numa posição inclinada, o tubo é designado por tubo **inclinado de ágar,** se se permitir que o tubo endureça numa posição vertical, o tubo é designado por **tubo profundo de ágar e** se o ágar for vertido numa placa de Petri, a placa é designada por **placa de ágar.** Para a preparação de placas de ágar, utilizam-se frequentemente **derrames de ágar** (o mesmo que fundos de ágar) contendo cerca de 15 a 16 ml de meio. Os microrganismos podem ser cultivados utilizando dois tipos diferentes de meios. **Os meios quimicamente definidos,** ou **sintéticos,** são compostos por quantidades conhecidas de substâncias químicas puras. Estes meios são frequentemente utilizados na cultura de microrganismos

autotróficos, como as algas, ou sem heterotrofia fastidiosa. Nos exercícios laboratoriais de rotina de bacteriologia, são utilizados **meios complexos,** ou **não sintéticos**. Estes são compostos por materiais complexos, ricos em vitaminas e nutrientes. Três dos componentes mais utilizados são o extrato de carne de vaca, o extrato de levedura e as peptonas.

A preparação de meios a partir de produtos comerciais desidratados é simples e direta. Cada frasco de meio desidratado tem instruções de preparação no seu rótulo. Por exemplo, para preparar um litro de caldo de soja tríptico, suspenda 30 g do meio desidratado em 1.000 ml de água destilada. Misture bem num frasco Erlenmeyer de 2 litros (utilize sempre um frasco com o dobro do volume do meio que está a preparar). Distribua e esterilize durante 15 a 20 minutos a 121°C (15 lbs de pressão). Como já foi referido, será indicada a quantidade de pó para 1.000 ml de água. Se o meio não tiver ágar, o pó dissolve-se normalmente sem aquecimento. Se contiver ágar, deve aquecer o meio até começar a ferver ou a fervilhar para dissolver completamente o ágar. São dadas instruções específicas de aquecimento para cada tipo de meio. Por exemplo, para preparar um litro de ágar Vogel-Johnson, suspenda 61 g do meio desidratado num litro de água destilada. Misture até obter uma suspensão uniforme. Aqueça com agitação constante e deixe ferver em lume brando durante 1 minuto. Deite quantidades de 100 ml em frascos de 250 ml e esterilize por autoclavagem a 121°C durante 20 minutos.

A maioria dos exercícios que irá realizar neste manual envolve a utilização de meios estéreis em tubos de cultura. Normalmente, serão utilizados tubos de cultura bacteriológica de 18x150 mm, 16x125 mm ou 13x100 mm. Estes tubos devem ser tapados de modo a manter a esterilidade do meio. Para o efeito, pode utilizar tampões de algodão, tampões de espuma de plástico ou tampas de plástico ou metal (por exemplo, tampas Morton ou Bacti Capalls). Todas estas tampas mantêm as culturas livres de contaminação, permitindo a entrada de ar no tubo de cultura e, ao mesmo tempo, minimizam a evaporação. Por vezes, é desejável utilizar tubos de cultura com tampa de rosca. Isto é especialmente verdade quando a cultura, como no caso dos slants, pode ser selada e armazenada durante longos períodos.

O caldo de cultura pode ser dispensado com uma máquina de pipetagem, uma seringa automática ou uma pipeta normal. Também pode pipetar o volume adequado de caldo ou ágar para um tubo de cultura e, em seguida, verter aproximadamente o mesmo volume de meio (utilizando o tubo inicial como guia) para vários outros tubos alinhados no mesmo suporte de tubos de ensaio. Esta abordagem é rápida, conveniente e relativamente exacta. Após a esterilização dos tubos inclinados, os tubos são retirados do autoclave enquanto o ágar ainda está derretido e cuidadosamente colocados numa mesa com um pedaço de madeira, tubo de vácuo ou metal a elevar as extremidades tapadas. Alguns suportes para tubos de ensaio também estão especificamente preparados para este efeito. Os tubos são então deixados em repouso até que o ágar tenha arrefecido e endurecido. Os tubos inclinados devem ser armazenados na posição vertical. Os tubos com fundo de ágar podem ser armazenados após a esterilização para serem utilizados na preparação de placas de Petri quando necessário. Alguns tubos de ágar profundo podem ser armazenados à temperatura ambiente durante vários dias antes de serem utilizados. Se forem necessários períodos de armazenamento mais longos, devem ser colocados no frigorífico para evitar a secagem do ágar. Quando são necessárias placas de Petri, as placas de ágar são derretidas num banho de água a ferver ou levando-as a 121°C numa autoclave durante 30 a 60 segundos e libertando depois o vapor sob exaustão lenta. Após a fusão do ágar, os recipientes são transferidos para um banho de água a 48° a 50°C e aí mantidos durante, pelo menos, 5 a 10 minutos antes de serem utilizados. As profundidades de ágar devem ser arrefecidas até cerca de 50°C antes de serem utilizadas para minimizar a quantidade de condensação de vapor nas tampas das placas de Petri depois de o ágar ter sido vertido. O ágar não solidifica até que a sua temperatura desça para cerca de 42°C. Quando as profundidades atingirem 50°C, uma delas é retirada do banho e o exterior é seco com uma toalha de papel. O ágar é imediatamente vertido numa placa de Petri seca e esterilizada, mantendo a tampa cuidadosamente acima do fundo da placa de Petri, de modo a evitar a contaminação. Voltar a colocar a tampa, deixar arrefecer e endurecer o ágar e guardar as placas de Petri em posição invertida. Ao armazenar as placas de Petri, não as empilhe com mais de três alturas ou utilize um suporte especial para placas de Petri.

2.3.Técnicas especiais de cultura

Muitas bactérias nunca foram cultivadas com sucesso em meios artificiais de laboratório. *O Mycobacterium leprae,* o bacilo da lepra, é atualmente cultivado em tatus, que têm uma temperatura corporal relativamente baixa que corresponde às necessidades do micróbio. Outro exemplo é a espiroqueta da sífilis, embora certas estirpes não patogénicas deste micróbio tenham sido cultivadas em meios laboratoriais. Com exceção de alguns iões, as bactérias intracelulares obrigatórias, como as rickettsias e a Chlamydia, não crescem em meios artificiais. Tal como os vírus, só se podem reproduzir numa célula hospedeira viva. Muitos laboratórios clínicos dispõem de *incubadoras* especiais de *dióxido de carbono para o* crescimento de bactérias aeróbias que requerem concentrações de *Cal* superiores ou inferiores às encontradas na atmosfera. Os níveis de CO_2 desejados são mantidos por controlos electrónicos. Também se obtêm níveis elevados de CO_2 com *frascos de vela* simples. As culturas são colocadas num grande frasco selado que contém uma vela acesa, que consome oxigénio. A vela deixa de arder quando o ar no frasco tem uma concentração reduzida de oxigénio (mas ainda adequada para o crescimento de bactérias aeróbicas). Está também presente uma concentração elevada de CO2. Os micróbios que crescem melhor em concentrações elevadas de *Cal* são chamados capnófilos. As condições de baixo oxigénio e alto teor de Cal assemelham-se às encontradas no trato intestinal, no trato respiratório e noutros tecidos do corpo onde crescem bactérias patogénicas. Os frascos de vela ainda são usados ocasionalmente, mas mais frequentemente são usados pacotes químicos disponíveis no mercado para gerar atmosferas de dióxido de carbono em recipientes. Quando se pretende incubar apenas uma ou duas placas de Petri de culturas, os investigadores de laboratórios clínicos utilizam frequentemente pequenos sacos de plástico com geradores de gás químicos autónomos que são activados esmagando o pacote ou humedecendo-o com alguns mililitros de água. Estes pacotes são por vezes especialmente concebidos para fornecer concentrações precisas de dióxido de carbono (normalmente mais elevadas do que as que podem ser obtidas em frascos de velas) e oxigénio para a cultura de organismos como a bactéria microaerófila *Campylobacter*.

2.4 Meios selectivos e diferenciais

Em microbiologia clínica e de saúde pública, é frequentemente necessário detetar a presença de microrganismos específicos associados a doenças ou a más condições sanitárias. Para esta tarefa, são utilizados meios selectivos e diferenciais. Os meios selectivos são concebidos para suprimir o crescimento de bactérias indesejadas e encorajar o crescimento dos micróbios desejados. Por exemplo, o ágar sulfito de bismuto é um meio utilizado para isolar a bactéria tifoide, a *Salmonella typhi* gram-negativa, das fezes. O sulfito de bismuto inibe as bactérias gram-positivas e a maioria das bactérias intestinais gram-negativas (para além da S. *typhi)*, bem como o ágar dextrose de Sabouraud, que tem um pH de 5,6, é utilizado para isolar fungos que ultrapassam a maioria das bactérias a este pH. Os meios diferenciais facilitam a distinção entre as colónias do organismo desejado e outras colónias que crescem na mesma placa. Do mesmo modo, as culturas puras de microrganismos têm reacções identificáveis com meios diferenciais em tubos ou placas.

O ágar sangue (que contém glóbulos vermelhos) é um meio que os microbiologistas utilizam frequentemente para identificar espécies bacterianas que destroem os glóbulos vermelhos. Estas espécies, como o *Streptococcus pyogenes*, a bactéria que causa a faringite estreptocócica, apresentam um anel claro à volta das suas colónias, onde lisaram as células sanguíneas circundantes. Por vezes, as características selectivas e diferenciais são combinadas num único meio. Suponha que queremos isolar a bactéria comum *5tapltylococcus aureus, que se encontra* nas passagens nasais. Este organismo tem tolerância a concentrações elevadas de cloreto de sódio; pode também fermentar o hidrato de carbono manitol para obter ácido m. O ágar-sal de manitol contém 7,5% de cloreto de sódio, o que desencoraja o crescimento de organismos concorrentes e, assim, *selecciona* (*favorece* o crescimento de) S. *aureus.* Este meio salgado também contém um indicador de pH que muda de cor se o manitol no meio for fermentado em ácido; as colónias de S. *aureus* que fermentam o manitol *são* assim *diferenciadas das* colónias de bactérias que não fermentam o manitol. As bactérias que crescem a uma concentração elevada de sal *e* fermentam o manitol em ácido podem ser facilmente identificadas pela mudança de cor. Estas são provavelmente colónias de S. *aureus* e a sua identificação pode ser confirmada por testes adicionais.

2.5 Cultura de enriquecimento

Uma vez que as bactérias presentes em pequenos números podem passar despercebidas, especialmente se outras bactérias estiverem presentes em números muito maiores, é por vezes necessário utilizar uma cultura de enriquecimento. Este é frequentemente o caso de amostras de solo ou de fezes. O meio (meio de enriquecimento) para uma cultura de enriquecimento é geralmente líquido e fornece nutrientes e condições ambientais que favorecem o crescimento de um determinado micróbio, mas não de outros. Neste sentido, é também um meio seletivo, mas é concebido para aumentar um número muito pequeno do tipo de organismo desejado para níveis detectáveis. Suponha que queremos isolar de uma amostra de solo um micróbio que pode crescer em fenol e que está presente em muito menor número do que outras espécies. Se a amostra de solo for colocada num meio de enriquecimento líquido em que o fenol é a única fonte de carbono e energia, os micróbios incapazes de metabolizar o fenol não crescerão. O meio de cultura é deixado a incubar durante alguns dias e depois transfere-se uma pequena quantidade para outro frasco com o mesmo meio. Após uma série de transferências, a população sobrevivente será constituída por bactérias capazes de metabolizar o fenol. As bactérias têm tempo para crescer no meio entre as transferências; esta é a fase de enriquecimento. Quaisquer nutrientes presentes nos inóculos originais são rapidamente diluídos com as transferências sucessivas. Quando a última diluição é semeada num meio sólido com a mesma composição, só devem crescer as colónias de organismos capazes de utilizar o fenol. Um aspeto notável desta técnica específica é o facto de o fenol ser normalmente letal para a maioria das bactérias.

2.6.Obtenção de culturas puras

A maioria dos materiais infecciosos, como o pus, a expetoração e a urina, contêm vários tipos diferentes de bactérias; o mesmo acontece com amostras de solo, água ou alimentos. Se estes materiais forem colocados em placas na superfície de um meio sólido, formar-se-ão colónias que são cópias exactas do organismo original. Teoricamente, uma colónia visível surge de um único esporo ou célula vegetativa ou de um grupo dos mesmos microrganismos ligados uns aos outros em aglomerados ou cadeias. As colónias microbianas têm muitas vezes um aspeto caraterístico que distingue um micróbio de outro. As bactérias devem estar suficientemente distribuídas para que as colónias sejam visivelmente separadas umas das outras. A maior parte do trabalho bacteriológico requer culturas puras, ou clones, de bactérias. O método de isolamento mais comummente utilizado para obter culturas puras é o método da placa de sementeira. Uma ansa de inoculação estéril é mergulhada numa cultura mista que contém mais do que um tipo de micróbio e é espalhada num padrão sobre a superfície do meio nutriente. À medida que o padrão é traçado, as bactérias são esfregadas da ansa para o meio. As últimas células a serem esfregadas da ansa estão suficientemente afastadas para crescerem em colónias isoladas. Estas colónias podem ser colhidas com uma ansa de inoculação e transferidas para um tubo de ensaio de meio nutriente para formar uma cultura pura contendo apenas um tipo de bactéria. O método da placa com estrias funciona bem quando o organismo a isolar está presente em grande número relativamente à população total. No entanto, quando o micróbio a isolar está presente apenas em números muito reduzidos, os seus números têm de ser grandemente aumentados por enriquecimento seletivo antes de poderem ser isolados com o método da placa em série.

2.7. Preservação de culturas bacterianas

A refrigeração pode ser utilizada para o armazenamento a curto prazo de culturas bacterianas. Dois métodos comuns de preservação de culturas microbianas durante longos períodos são a ultracongelação e a liofilização. A ultracongelação é um processo em que uma cultura pura de micróbios é colocada num líquido em suspensão e congelada rapidamente a temperaturas que variam entre -50°C e -95°C. A cultura pode normalmente ser descongelada e cultivada mesmo vários anos mais tarde. Durante a liofilização (secagem por congelação), uma suspensão de micróbios é rapidamente congelada a temperaturas que variam entre -54°C e -72°C, e a água é removida por um vácuo elevado (sublimação). Enquanto está sob vácuo, o recipiente é selado através da fusão do vidro com um maçarico de alta temperatura. O restante resíduo em pó, que contém os micróbios sobreviventes, pode ser armazenado durante anos. Os organismos podem ser revividos em qualquer altura por hidratação com um meio nutritivo líquido adequado.

2.8. Morfologia bacteriana e coloração

Depois de completar os exercícios da Parte Dois, será capaz de demonstrar como preparar corretamente as lâminas para exame microbiológico. Isto irá ao encontro do número de competências do currículo básico da American Society for Microbiology: (a) limpeza e eliminação de lâminas; (b) preparação de esfregaços a partir de culturas sólidas e líquidas; (c) realização de montagens húmidas e/ou preparações de gotas suspensas; e (d) realização de

2.8.1. Preparação de esfregaços para coloração

A maior parte das observações iniciais de microrganismos são efectuadas com preparações coradas. A coloração significa simplesmente colorir os microrganismos com um corante que realça certas estruturas. No entanto, antes de os microrganismos poderem ser corados, têm de ser fixados à lâmina do microscópio. A fixação mata simultaneamente os microrganismos e fixa-os à lâmina. Também preserva várias partes dos micróbios no seu estado natural, apenas com uma distorção mínima. Quando se pretende fixar uma amostra, espalha-se uma fina película de material que contém os microrganismos sobre a superfície da lâmina. Esta película, designada por esfregaço, é deixada a secar ao ar. Na maioria dos procedimentos de coloração, a lâmina é então fixada passando-a várias vezes pela chama de um bico de Bunsen, com o esfregaço virado para cima, ou cobrindo a lâmina com álcool metílico durante um minuto. Aplica-se a mancha e depois lava-se com água; em seguida, a lâmina é limpa com papel absorvente. Sem fixação, a coloração pode lavar os micróbios da lâmina. Os microrganismos corados estão agora prontos para serem examinados ao microscópio.

Os corantes são sais compostos por um ião positivo e um ião negativo, um dos quais é colorido e é conhecido como as *cromosferas*. A cor dos chamados corantes básicos está no ião positivo; nos corantes ácidos, está no ião negativo. Está no ião negativo. As bactérias têm uma carga ligeiramente negativa a pH 7. Assim, o ião positivo colorido de um corante básico é atraído para a célula bacteriana carregada negativamente. Os corantes básicos, que incluem o violeta cristal, o azul de metileno, o verde de malaquite e a safranina, são mais utilizados do que os corantes ácidos. Os corantes ácidos não são atraídos pela maioria dos tipos de bactérias porque *os* iões negativos do corante são repelidos pela superfície bacteriana carregada negativamente, pelo que a mancha colore o fundo. A preparação de bactérias incolores contra um fundo colorido é chamada de coloração negativa. É útil para observar as formas, tamanhos e cápsulas das células em geral, uma vez que as células se tornam altamente visíveis contra um fundo escuro contrastante. As distorções do tamanho e forma das células são minimizadas porque não é necessária a fixação e as células não apanham a coloração. Exemplos de corantes ácidos são a eosina, a fucsina ácida e a nigrosina. Para aplicar corantes ácidos ou básicos, os microbiologistas utilizam três tipos de técnicas de coloração: simples, diferencial e especial.

Manchas simples

Uma coloração simples é uma solução aquosa ou alcoólica de um único corante básico. Embora diferentes corantes se liguem especificamente a diferentes partes das células, o objetivo principal de uma coloração simples é realçar todo o microrganismo de modo a que as formas celulares e as estruturas básicas sejam visíveis. A coloração é aplicada ao esfregaço fixado durante um determinado período de tempo e depois lavada, sendo a lâmina seca e examinada. Ocasionalmente, é adicionado um produto químico à solução para intensificar a coloração; este aditivo é designado por mordente. Uma das funções de um mordente é aumentar a afinidade de um corante para um espécime biológico; outra é coalhar uma estrutura (como um flagelo) para a tornar mais espessa e mais fácil de ver depois de ser corada com um corante. Alguns dos corantes simples normalmente utilizados no laboratório são o azul de metileno, a carbolfucsina, o violeta de cristal e a safranina.

Colorações diferenciais

Ao contrário das colorações simples, as colorações diferenciais reagem de forma diferente com diferentes tipos de bactérias e, por isso, podem ser utilizadas para as distinguir. As colorações diferenciais mais frequentemente utilizadas para as bactérias são a **coloração de Gram e a coloração ácido-resistente.**

Coloração de Gram

A coloração de Gram foi desenvolvida em 1884 pelo bacteriologista dinamarquês Hans Christian Gram. É um dos procedimentos de coloração mais úteis porque classifica as bactérias em dois grandes grupos: gram-positivas e gram-negativas. Um esfregaço fixado pelo calor é coberto com um corante roxo básico, normalmente violeta cristal. Como a coloração púrpura transmite a sua cor a todas as células, é designada por coloração primária. Após um curto período de tempo, o corante púrpura é lavado e o esfregaço é coberto com iodo, um mordente. Quando o iodo é lavado, tanto as bactérias gram-positivas como as gram-negativas aparecem com uma cor violeta escura ou púrpura. O álcool é lavado e a lâmina é então corada com safranina, um corante vermelho básico. O esfregaço é novamente lavado, seco com papel absorvente e examinado microscopicamente. O corante púrpura e o iodo combinam-se no citoplasma de cada bactéria, colorindo-a de violeta escuro ou púrpura. As bactérias que retêm esta cor após a tentativa de descoloração pelo álcool são classificadas como gram-positivas; as bactérias que perdem a cor violeta escura ou púrpura após a descolonização são classificadas como gram-negativas. Como as bactérias gram-negativas ficam incolores após a lavagem com álcool, deixam de ser visíveis. É por isso que é aplicado o corante básico safranina, que torna as bactérias gram-negativas cor-de-rosa. Os corantes como a safranina, que têm uma cor contrastante com o corante primário, são chamados de contra-corantes. Como as bactérias grampositivas retêm a coloração púrpura original, não são afectadas pela contra-coloração de safranina. Como *verá* no Capítulo 4, os diferentes tipos de bactérias reagem de forma diferente à coloração de Gram porque as diferenças estruturais nas suas paredes celulares afectam a retenção ou a fuga de uma combinação de violeta de cristal e iodo, denominada complexo violeta de cristal-iodo (CV-I). Entre outras diferenças, as bactérias gram-positivas têm uma parede celular de peptidoglicano (dissacáridos e aminoácidos) mais espessa do que as bactérias gram-negativas. Além disso, as bactérias gram-negativas contêm uma camada de lipopolissacárido (lípidos e polissacáridos) como parte da sua parede celular. Quando aplicado a *células* gram-positivas e gram-negativas, o violeta de cristal e o iodo penetram rapidamente nas células. No interior das células, o violeta de cristal e o iodo combinam-se para formar o CV-1. Este complexo é maior do que a molécula de violeta de cristal que entrou nas células e, devido ao seu tamanho, não pode ser lavado da camada intacta de peptidoglicano das células gram-positivas pelo álcool. Consequentemente, as células gram-positivas retêm a cor do corante violeta de cristal. No entanto, nas células gram-negativas, a lavagem com álcool rompe a camada externa de lipopolissacárido e o complexo CV-I é lavado através da fina camada de peptidoglicano. Como resultado, as células gram-negativas são incolores até serem coradas com safranina, após o que se tornam cor-de-rosa. Em resumo, as células gram-positivas retêm o corante e permanecem roxas. As células gram-negativas não retêm o corante; são incolores até serem coradas com um corante vermelho.

O método de Gram é uma das técnicas de coloração mais importantes em microbiologia médica. Mas os resultados da coloração de Gram não são universalmente aplicáveis, porque algumas células bacterianas coram mal ou não coram de todo. A reação de Gram é mais consistente quando é utilizada em bactérias jovens e em crescimento. A reação de Gram de uma bactéria pode fornecer informações valiosas para o tratamento de doenças. As bactérias Gram-positivas tendem a ser facilmente eliminadas pelas penicilinas e cefalosporinas. As bactérias Gram-negativas são geralmente mais resistentes porque os antibióticos não conseguem penetrar na camada de lipopolissacárido. Alguma resistência a estes antibióticos, tanto nas bactérias gram-positivas como nas gram-negativas, deve-se à inativação bacteriana dos antibióticos.

Mancha ácido-rápida

Outra coloração diferencial importante (uma que diferencia as bactérias em grupos distintos) é a coloração ácido-rápida, que se liga fortemente apenas a bactérias que têm um material ceroso nas suas paredes celulares. Os microbiologistas utilizam esta coloração para identificar todas as bactérias do género *Mycobacterium,* incluindo os dois importantes agentes patogénicos *Mycobacterium tuberculosis,* o agente causador da tuberculose, e *Mycobactcrillln leprae,* o agente causador da lepra. Esta coloração é também utilizada para identificar as estirpes patogénicas do género *Nocardia.* As bactérias dos géneros *Mycobacterium* e *Nocardia* são ácido-resistentes.

Manchas especiais

As colorações especiais são utilizadas para colorir e isolar partes específicas dos microrganismos, tais como endosporos e flagelos, e para revelar a presença de cápsulas. Coloração negativa para cápsulas Muitos microrganismos contêm uma cobertura gelatinosa chamada cápsula. Em microbiologia médica, a demonstração da presença de uma cápsula é um meio de determinar a virulência do organismo. O grau em que um agente patogénico pode causar uma doença. A coloração de cápsulas é mais difícil do que outros tipos de procedimentos de coloração porque os materiais capsulares são solúveis em água e podem ser deslocados ou removidos durante uma lavagem rigorosa. Para demonstrar a presença de cápsulas, um microbiologista pode misturar as bactérias numa solução que contenha uma suspensão coloidal fina de partículas coloridas (geralmente tinta da Índia ou nigrosina) para fornecer um fundo contrastante e, em seguida, corar as bactérias com um corante simples, como a safranina. Devido à sua composição química, as cápsulas não aceitam a maioria dos corantes biológicos, como a safranina, e, portanto, aparecem como halos em torno de cada célula bacteriana corada.

Coloração de endosporos (esporos)

Um endósporo é uma estrutura especial resistente e dormente formada dentro de uma célula que protege uma bactéria de condições ambientais adversas. Embora os endosporos sejam relativamente pouco comuns nas células bacterianas, podem ser formados por alguns géneros de bactérias. Os endosporos não podem ser corados por métodos comuns, como a coloração simples e a coloração de Gram, porque os corantes não penetram na parede do endosporo. O corante para endosporos mais utilizado é o corante *para endosporos de Schaeffer-Fulton*. O verde de malaquite, o corante primário, é aplicado a um esfregaço fixado pelo calor e aquecido a vapor durante cerca de 5 minutos. O calor ajuda o corante a penetrar na parede do endosporo. Em seguida, a preparação é lavada durante cerca de 30 segundos com água para remover o verde de malaquite de todas as partes das células, exceto dos endosporos. De seguida, a safranina, uma coloração de contraste,
é aplicado ao esfregaço para corar outras partes da célula que não os endosporos. Num esfregaço devidamente preparado, os endosporos aparecem verdes no interior de células vermelhas ou cor-de-rosa. Como os endosporos são altamente refractivos, podem ser detectados ao microscópio de luz quando não corados, mas não podem ser diferenciados das inclusões de material armazenado sem uma coloração especial.

Coloração de flagelos

Os flagelos bacterianos são estruturas de locomoção demasiado pequenas para serem vistas com um microscópio de luz sem coloração. Um procedimento de coloração fastidioso e delicado utiliza um mordente e o corante carbol fucsina para aumentar os diâmetros dos flagelos até estes se tornarem visíveis ao microscópio de luz. Os microbiologistas utilizam o número e a disposição dos flagelos como auxiliares de diagnóstico.

1. Enumere os diferentes meios de cultura microbiana

2. Enumere os diferentes tipos de esterilização

3. Como podemos obter a cultura pura

4. Descreva o método ou as etapas para identificar a morfologia bacteriana

3. Classificação dos microrganismos (taxonomia microbiana)

A ciência da classificação, especialmente a classificação das formas vivas, chama-se *taxonomia* (do grego para arranjo ordenado). O objetivo da taxonomia é classificar os organismos vivos - ou seja, estabelecer as relações entre um grupo de organismos e outro e diferenciá-los. É possível que existam cerca de 100 milhões de organismos vivos diferentes, mas menos de 10% foram descobertos e muito menos classificados e identificados. A taxonomia também fornece uma referência comum para identificar organismos já classificados. Por exemplo, quando uma bactéria suspeita de causar uma doença específica é isolada de um doente. As características desse isolado são comparadas com listas de características de bactérias previamente classificadas para identificar o isolado. Finalmente, a taxonomia é um instrumento básico e necessário para os cientistas, proporcionando uma linguagem universal de comunicação. A taxonomia moderna é um domínio estimulante e dinâmico. Novas técnicas em biologia molecular e genética estão a fornecer novos conhecimentos sobre classificação e evolução. Neste capítulo, ficará a conhecer os vários sistemas de classificação, os diferentes critérios utilizados para a classificação e os testes que são utilizados para identificar microrganismos que já foram classificados.

Em 2001, foi lançado um projeto internacional denominado Inventário de Todas as Espécies. O objetivo do projeto é identificar e registar todas as espécies de vida na Terra nos próximos 25 anos. Estes investigadores assumiram um objetivo desafiante: enquanto os biólogos identificaram até agora mais de 1,7 milhões de organismos diferentes, estima-se que o número de espécies vivas varie entre 10 e 100 milhões. No entanto, entre estes organismos tão numerosos e diversos, existem muitas semelhanças.

Por exemplo, todos os organismos são compostos por células rodeadas por uma membrana plasmática, utilizam ATP para obter energia e armazenam a sua informação genética no ADN. Estas semelhanças são o resultado da evolução, ou descendência de um antepassado comum. Em 1859, o naturalista inglês Charles Darwin propôs que a seleção natural era responsável tanto pelas semelhanças como pelas diferenças entre os organismos. As diferenças podem ser atribuídas à sobrevivência de organismos com características mais adequadas a um determinado ambiente. Para facilitar a investigação, os estudos e a comunicação, utilizamos a taxonomia - ou seja, *colocamos* os organismos em duas categorias, ou taxa (singular: *taxon)*, para mostrar os graus de semelhança entre os organismos. Estas semelhanças são devidas ao parentesco - todos os organismos estão relacionados através da evolução. A sistemática, ou filogenia, é o estudo da história evolutiva dos organismos. A hierarquia dos taxa reflecte as relações evolutivas, ou *filogenéticas*. Desde o tempo de Aristóteles, os organismos vivos eram categorizados apenas de duas formas, como plantas ou animais. Em 1735, o botânico sueco Carolus Linnaeus introduziu um sistema formal de classificação que dividia os organismos vivos em dois reinos - Plantae e Animalia. Utilizou nomes latinizados para fornecer uma "língua" comum para a sistemática. No entanto, com o desenvolvimento das ciências biológicas, os biólogos começaram a procurar um sistema de classificação *natural* - um sistema que agrupasse os organismos com base em relações ancestrais e que nos permitisse ver a ordem na vida. Em 1857, Carl von Nageli, um con temporâneo de Pasteur, propôs que as bactérias e os fungos fossem colocados no reino vegetal. Em 1866, Ernst Haeckel propôs o Reino Protista, que inclui bactérias, protozoários, algas e fungos. Devido a desacordos sobre a definição de protistas, durante os 100 anos seguintes os biólogos continuaram a seguir a colocação de von Niigeli de bactérias e fungos no reino vegetal. É irónico que a recente sequenciação de ADN coloque os fungos mais próximos dos animais do que das plantas. Os fungos foram colocados no seu próprio reino em 1959.

Com o advento da microscopia eletrónica, as diferenças físicas entre as células tornaram-se evidentes. O termo *procarionte* foi introduzido em 1937 por Edouard Chatton para distinguir as células sem núcleo das células nucleadas das plantas e dos animais. Em 1961, Roger Stanier deu a definição atual de procariotas: células em que o material nuclear (nucleoplasma) não está rodeado por uma membrana nuclear. Em 1968, Robert G.E. Murray propôs o Reino Prokaryotae. Em 1969, Robert H. Whittaker fundou o sistema de cinco reinos, no qual os procariontes eram colocados no Reino Prokaryotae, ou Monera, e os eucariontes compreendiam os outros quatro reinos. O Reino Prokaryotae baseava-se em observações microscópicas. Posteriormente, novas técnicas de biologia molecular revelaram que existem, de facto, dois tipos de células procarióticas e um tipo de célula eucariótica.

Os três domínios

A descoberta de três tipos de células baseou-se na observação de que os ribossomas não são iguais em todas as células. Os ribossomas fornecem um método de comparação entre células porque os ribossomas estão presentes em todas as células. A comparação das sequências de nucleótidos no ARN ribossómico de diferentes tipos de células mostra que existem três grupos de células nitidamente diferentes: os eucariotas e dois tipos diferentes de procariotas - as bactérias e as archaea. Em 1978, Carl R. Woes' propôs elevar os três tipos de células a um nível acima do reino, chamado domínio. Woese acreditava que as arqueas e as bactérias, embora semelhantes na aparência, deveriam formar os seus próprios domínios separados na árvore evolutiva.

Os organismos são classificados por tipo de célula nos três sistemas de domínio. Para além das diferenças no ARNr, os três domínios diferem na estrutura lipídica da membrana, nas moléculas de ARN de transferência e na sensibilidade aos antibióticos. Neste esquema amplamente aceite, os animais, as plantas, os fungos e os protistas são reinos do Domínio Eukarya. O Domínio Bacteria inclui todos os procariotas patogénicos, bem como muitos dos procariotas não patogénicos encontrados no solo e na água. Os procariontes fotoautotróficos também estão neste domínio. O domínio Archaea inclui procariotas que não possuem peptidoglicano nas suas paredes celulares. Vivem frequentemente em ambientes extremos e realizam processos metabólicos invulgares. As arquéias incluem três grupos principais:

1. Os metanogénios, anaeróbios estritos que produzem metano (CH.) a partir de dióxido de carbono e hidrogénio.

2. Halófilos extremos, que necessitam de concentrações elevadas de sal para sobreviver.

3. Hipertermófilos, que crescem normalmente em ambientes extremamente quentes.

Bactérias

As bactérias (singular: bacterium) são organismos relativamente simples e unicelulares. Uma vez que o seu material genético não se encontra encerrado numa membrana nuclear especial, as células bacterianas são designadas por procariotas, a partir de palavras gregas que significam pré-núcleo. Os procariotas incluem tanto as bactérias como as archaea. As células bacterianas aparecem geralmente numa de várias formas. As bactérias individuais podem formar pares, cadeias, grupos ou outros agrupamentos; estas formações são normalmente características de um determinado género ou espécie de bactérias. As bactérias estão envolvidas por paredes celulares que são maioritariamente compostas por um complexo de hidratos de carbono e proteínas chamado *peptidoglicano* (em contraste, a celulose é a substância principal das paredes celulares das plantas e das algas). Para a sua nutrição, a maioria das bactérias utiliza substâncias químicas orgânicas, que na natureza podem ser derivadas de organismos vivos ou mortos. Algumas bactérias podem fabricar o seu próprio alimento através da fotossíntese, e outras podem obter nutrição a partir de substâncias inorgânicas. Muitas bactérias podem "nadar" usando apêndices móveis chamados *flagelos*.

Archaea

Tal como as bactérias, as arqueias são constituídas por células procarióticas, mas se tiverem paredes celulares, estas não têm peptidoglicano. As arqueias, frequentemente encontradas em ambientes extremos, dividem-se em três grupos principais. As *metanogénicas* produzem metano como um produto residual da respiração. As halófilas extremas *(halo* = sal; *philic* = amoroso) vivem em ambientes extremamente salgados, como o Grande Lago Salgado e o Mar Morto. As termófilas extremas *(therm* = calor) vivem em águas quentes e sulfurosas, como as fontes termais do Parque Nacional de Yellowstone. Não se sabe se as Archaea causam doenças nos seres humanos.

Fungos

Os fungos (singular: fungus) são organismos eucariotas cujas células têm um núcleo distinto <u>que contém o material genético da célula (ADN), rodeado por um invólucro especial chamado</u> membrana nuclear. Os organismos do Reino Fungi podem ser unicelulares ou multicelulares. Os grandes fungos multicelulares, como os cogumelos, podem parecer-se um pouco com as plantas, mas não podem efetuar a fotossíntese, como a maioria das plantas. Os fungos verdadeiros têm paredes celulares compostas principalmente por uma substância chamada *quitina*. As formas unicelulares dos fungos, as *leveduras,* são microrganismos ovais maiores do que as bactérias. Os fungos mais típicos são os *bolores*. Os bolores formam massas visíveis chamadas *micélios,* que são compostos por longos filamentos *(hifas)* que se ramificam e se entrelaçam. Os crescimentos algodonosos que por vezes se encontram no pão e na fruta são micélios de bolores. Os fungos podem reproduzir-se de forma sexuada ou assexuada. Obtêm nutrição absorvendo soluções de material orgânico do seu ambiente - seja solo, água do mar, água doce ou um hospedeiro animal ou vegetal. Os organismos chamados de fungos *limosos* têm características tanto de fungos como de amebas.

Protozoários

Os protozoários (singular: protozoários) são micróbios eucarióticos unicelulares. Os protozoários movem-se por pseudópodes, flagelos ou cílios. As amebas movem-se usando extensões do seu citoplasma chamadas *pseudópodes* (pés falsos). Outros protozoários possuem longos *flagelos* ou numerosos apêndices mais curtos para locomoção, chamados *cílios*. Os protozoários têm uma variedade de formas e vivem como entidades livres ou como *parasitas* (organismos que obtêm nutrientes de hospedeiros vivos) que absorvem ou ingerem compostos orgânicos do seu ambiente. Os protozoários podem reproduzir-se de forma sexuada ou assexuada.

Algas

As algas (singular: alga) são eucariotas fotossintéticos com uma grande variedade de formas e com formas de reprodução sexuada e assexuada. As algas que interessam aos microbiologistas são geralmente unicelulares e as paredes celulares de muitas algas são compostas por um hidrato de carbono chamado *celulose.* As algas são abundantes em água doce e salgada, no solo e em associação com plantas. Como fotossintetizantes, as algas necessitam de luz, água e dióxido de carbono para a produção de alimentos e crescimento, mas geralmente não necessitam de compostos orgânicos do ambiente. Como resultado da fotossíntese, as algas produzem oxigénio e hidratos de carbono que são depois utilizados por outros organismos, incluindo animais.

Assim, desempenham um papel importante no equilíbrio da natureza.

Vírus

Os vírus são muito diferentes dos outros grupos microbianos aqui mencionados. São tão pequenos que a maioria só pode ser vista com um microscópio eletrónico, e são acelulares (não celulares). Estruturalmente muito simples, uma partícula de vírus contém um núcleo feito de apenas um tipo de ácido nucleico, ADN ou ARN. Este núcleo é rodeado por um revestimento proteico. Por vezes, o revestimento é envolvido por uma camada adicional, uma membrana lipídica denominada envelope. Todas as células vivas têm ARN *e* ADN, podem realizar reacções químicas e podem reproduzir-se como unidades auto-suficientes. Os vírus só se podem reproduzir utilizando a maquinaria celular de outros organismos. Assim, os vírus são considerados vivos quando se multiplicam nas células hospedeiras que infectam. Neste sentido, os vírus são parasitas de outras formas de vida. Por outro lado, os vírus não são considerados vivos porque, fora dos hospedeiros vivos, são inertes.

Parasitas multicelulares de animais

Embora os parasitas animais multicelulares não sejam estritamente microrganismos, são de importância médica e, por isso, serão discutidos neste texto. Os animais são eucariotas. Os dois principais grupos de vermes parasitas são os vermes chatos e os vermes redondos, chamados coletivamente de hehninths.

Durante algumas fases do seu ciclo de vida, os helmintas são microscópicos em tamanho. A identificação laboratorial destes organismos inclui muitas das mesmas técnicas utilizadas para identificar micróbios.

Questões de revisão

1. Escreva o desenvolvimento histórico da classificação microbiana

2. Compare e contraste a classificação tradicional e moderna
3. Quais são as evidências básicas para a presente classificação?
4. Explique a moderna classificação microbiana

4. Características Gerais das Bactérias

Os membros do mundo procariótico constituem um vasto grupo heterogéneo de organismos unicelulares muito pequenos. Os procariotas incluem bactérias e arqueas. A maioria dos procariotas, incluindo as cianobactérias fotossintetizantes, são bactérias. Embora as bactérias e as archaea sejam semelhantes, a sua composição química é diferente, como será descrito mais adiante. Os milhares de espécies de bactérias diferenciam-se por muitos factores, incluindo a morfologia (forma), a composição química (frequentemente detectada por reacções de coloração), as necessidades nutricionais, as actividades bioquímicas e as fontes de energia (luz solar ou substâncias químicas).

a. O tamanho, a forma e a disposição das células bacterianas

As bactérias existem num grande número de tamanhos e formas. A maioria das bactérias varia entre 0,2 e 2,0 µm de diâmetro e entre 2 e 8 µm de comprimento. Têm algumas formas básicas: cocos esféricos (plural: cocci, que significa bagas), bacilos em forma de bastonete (plural: bacilli, que significa pequenos bastões) e espirais. Os cocos são geralmente redondos, mas podem ser ovais, alongados ou achatados de um lado. Quando os cocos se dividem para se reproduzir, as células podem permanecer ligadas umas às outras. Os cocos que permanecem em pares após a divisão são chamados diplococos; os que se dividem e permanecem ligados em padrões semelhantes a cadeias são chamados estreptococos dividem-se em três planos e permanecem ligados em grupos cúbicos de oito são chamados sarcinae. Os que se dividem em vários planos e formam placas ou folhas largas em forma de garra são designados por estafilococos. Estas características de grupo são frequentemente úteis na identificação de determinados cocos. Os bacilos dividem-se apenas ao longo do seu eixo curto, pelo que existem menos agrupamentos de bacilos do que de cocos. A maioria dos bacilos apresenta-se como bastonetes simples. Os diplobacilos aparecem em pares após a divisão e os estreptobacilos ocorrem em cadeias. Alguns bacilos parecem canudos. Outros têm extremidades afiladas, como charutos. Outros ainda são ovais e se parecem tanto com cocos que são chamados de coccobacilos.

O termo "bacilo" tem dois significados em microbiologia. Como acabámos de o usar, bacilo refere-se a uma forma bacteriana. Quando está em maiúsculas e em itálico, refere-se a um género específico. Por exemplo, a bactéria *Bacillus allthracis* é o agente causador do carbúnculo. As células do Bacillus formam frequentemente cadeias de células longas e retorcidas. As bactérias espiraladas têm uma ou mais torções; nunca são rectas. As bactérias que se parecem com bastonetes curvos são chamadas vibrios. A forma de uma bactéria é determinada pela hereditariedade. Geneticamente, a maioria das bactérias são monomórficas, ou seja, mantêm uma única forma. No entanto, uma série de condições ambientais pode alterar essa forma. Se a forma for alterada, a identificação torna-se difícil. Além disso, algumas bactérias, como a *Rhizobi* e a *Corynebacterium*, são geneticamente pleomórficas, o que significa que podem ter várias formas e não apenas uma.

b. Estruturas externas à parede celular.

Glicocálix

Muitos procariotas segregam na sua superfície uma substância chamada glicocálix. O glicocálix (que significa camada de açúcar) é o termo geral utilizado para as substâncias que envolvem as células. O glicocálix bacteriano é um polímero viscoso (pegajoso), gelatinoso, externo à parede celular e composto por polissacáridos, polipéptidos ou ambos. A sua composição química varia muito consoante a espécie. Na maior parte dos casos, é produzido no interior da célula e segregado para a superfície celular. Se a substância é organizada e está firmemente ligada à parede celular, o glicocálix é descrito como uma cápsula. Se a substância não estiver organizada e estiver apenas ligeiramente ligada à parede celular, o glicocálix é descrito como uma camada viscosa. Em certas espécies, as cápsulas são importantes na contribuição para a virulência bacteriana (o grau em que um agente patogénico causa doença). As cápsulas protegem frequentemente as bactérias patogénicas da fagocitose pelas células do hospedeiro.

O glicocálix é um componente muito importante dos biofilmes. Um glicocálix que ajuda as células de um biofilme a ligarem-se ao seu ambiente alvo e umas às outras é designado por substância polimérica extracelular (EPS). A EPS protege as células no seu interior, facilita a comunicação entre elas e permite que as células sobrevivam ligando-se a várias superfícies no seu ambiente natural. Através da fixação, as bactérias podem crescer em diversas superfícies, como rochas em riachos rápidos, raízes de plantas, dentes humanos, implantes médicos, canos de água e até mesmo outras bactérias. *O Streptococcus mutmrs*, uma importante causa de cárie dentária, liga-se à superfície dos dentes através de um glicocálix.
S . *mutans* pode usar a sua cápsula como fonte de nutrição, decompondo-a e utilizando os açúcares quando as reservas de energia são baixas. Um glicocálix também pode proteger uma célula contra a desidratação, e sua viscosidade pode inibir o movimento de nutrientes para fora da célula.

Flagelos

Algumas células procarióticas têm flagelos (singular: flagelo), que são longos apêndices filamentosos que impulsionam as bactérias. As bactérias que não têm flagelos são designadas por atrópicas (sem projecções). Os flagelos podem ser peritríquios (distribuídos por toda a célula) ou polares (em um ou ambos os pólos ou extremidades da célula). Se forem polares, os flagelos podem ser monotríquios (um único flagelo num pólo), lofotríquios (um tufo de flagelos provenientes de um pólo) ou anfitríquios (flagelos em ambos os pólos da célula). Um flagelo tem três partes básicas. A região externa mais longa, o *filamento,* tem diâmetro constante e contém a proteína globular (aproximadamente esférica) *jlagelina* disposta em várias cadeias que se entrelaçam e formam uma hélice em torno de um núcleo oco. Na maioria das bactérias, os filamentos não são cobertos por uma membrana ou bainha, como nas células eucarióticas. O filamento está ligado a um *gancho* ligeiramente mais largo, constituído por uma proteína diferente. A terceira porção de um flagelo é o *corpo basal,* que fixa o flagelo à parede celular e à membrana plasmática. O corpo basal é composto por uma pequena haste cent ral inserida numa série de anéis. As bactérias Gram-negativas contêm dois pares de anéis; o par exterior de anéis está ancorado a várias porções da parede celular e o par interior de anéis está ancorado à membrana plasmática. Nas bactérias grampositivas, apenas o par interno está presente. Como verá mais adiante, os flagelos (e cílios) das células eucarióticas são mais complexos do que os das células procarióticas.

Cada flagelo procariótico é uma estrutura helicoidal semirrígida que movimenta a célula ao girar a partir do corpo basal. A rotação de um flagelo é no sentido horário ou anti-horário em torno do seu eixo longo. (O movimento de um flagelo procariótico resulta da rotação do seu corpo basal e é semelhante ao movimento do eixo de um motor elétrico. À medida que os flagelos giram, formam um feixe que empurra contra o líquido circundante e impulsiona a bactéria. A rotação dos flagelos depende da geração contínua de energia pela célula. As células bacterianas podem alterar a velocidade e a direção de rotação dos flagelos e, assim, são capazes de vários padrões de motilidade, a capacidade de um organismo se mover por si próprio. Quando uma bactéria se move numa direção durante um período de tempo, o movimento é designado por "corrida" ou "natação". As "corridas" são interrompidas por mudanças periódicas, abruptas e aleatórias de direção, denominadas "tombos". De seguida, recomeça a "corrida". Os "tombos" são causados por uma inversão da rotação flagelar em algumas espécies de bactérias dotadas de

Proteus, por exemplo, pode "enxamear" ou mostrar um rápido movimento ondulatório através de um meio de cultura sólido. Uma vantagem da motilidade é que permite que uma bactéria se mova em direção a um ambiente favorável ou se afaste de um ambiente adverso. O movimento de uma bactéria em direção a um determinado estímulo ou para longe dele é designado por taxis. Tais estímulos incluem substâncias químicas (quimiotaxia) e luz (fototaxia). As bactérias móveis contêm receptores em vários locais, como dentro ou logo abaixo da parede celular. Estes receptores captam estímulos químicos, como o oxigénio, a ribose e a galactose. Em resposta aos estímulos, a informação é passada para os flagelos. Se o sinal quimiotático for positivo, chamado de *atrativo,* as bactérias movem-se em direção ao estímulo com muitas corridas e poucos tombos. Se o sinal quimiotático for negativo, denominado *repelente,* a frequência dos tombos aumenta à medida que as bactérias se afastam do estímulo. A proteína flagelar, denominada antigénio H, é útil para distinguir os serovares, ou variações dentro de uma espécie, de bactérias gramnegativas, por exemplo, existem pelo menos 50 antigénios H diferentes para a *E. coli.* Os serovares identificados como *E. coli* 0157:H7 estão associados a epidemias de origem alimentar.

Filamentos axiais

As espiroquetas são um grupo de bactérias que têm uma estrutura e uma motilidade únicas. Uma das espiroquetas mais conhecidas é o *Treponema pallidum,* o agente causador da sífilis. Outra espiroqueta é a *Borrelia bllrgdorferi,* o agente causador da doença de Lyme. As espiroquetas movem-se por meio de filamentos axiais, ou flagelos terminais, feixes de fibrilas que surgem nas extremidades da célula sob uma bainha externa e espiralam em torno da célula. Os filamentos axiais, que estão ancorados numa extremidade da espiroqueta, têm uma estrutura semelhante à dos flagelos. A rotação dos filamentos produz um movimento da bainha externa que impulsiona as espiroquetas num movimento em espiral. Este tipo de movimento é semelhante à forma como um saca-rolhas se move através de uma rolha. Este movimento em saca-rolhas permite provavelmente que uma bactéria como o *T. palladium* se mova eficazmente através dos fluidos corporais.

Fímbrias e Pili

Muitas bactérias gram-negativas contêm apêndices semelhantes a pêlos que são mais curtos, mais rectos e mais finos do que os flagelos e são utilizados para a fixação e transferência de ADN e não para a motilidade. Estas estruturas, que consistem numa proteína chamada *pilina* disposta helicoidalmente em torno de um núcleo central, dividem-se em dois tipos, fímbrias e pili, com funções *muito* diferentes. (Alguns microbiologistas usam os dois termos indistintamente para se referirem a todas essas estruturas, mas nós distinguimo-los). As fímbrias (singular: fimbria) podem ocorrer nos pólos da célula bacteriana ou podem ser distribuídas uniformemente por toda a superfície da célula. O seu número pode variar entre algumas e várias centenas por célula. As fímbrias têm uma tendência para aderir umas às outras e às superfícies. Como resultado, elas estão envolvidas na formação de biofilmes e outras agregações nas superfícies de líquidos, vidro e rochas. As fímbrias também podem ajudar as bactérias a aderir às superfícies epiteliais do corpo. Por exemplo, as fímbrias na bactéria *Neisseria gonohhreae,* o agente causador da gonorreia, ajudam o micróbio a colonizar as membranas mucosas. Uma vez colonizada, a bactéria pode causar doenças. As fímbrias da *E. coli* 0157 permitem que esta bactéria adira ao revestimento do intestino delgado, onde provoca uma diarreia aquosa grave. Quando as fímbrias estão ausentes (devido a uma mutação genética), a colonização não pode ocorrer e não há doença. Os pili (s ingular: pilus) são geralmente mais compridos do que as fímbrias e são apenas um ou dois por célula. Os pili estão envolvidos na motilidade e na transferência de ADN. Num tipo de motilidade, designado por motilidade de contração, um pilus estende-se através da adição de subunidades de pilina, entra em contacto com uma superfície ou outra célula e, em seguida, retrai-se (golpe de força) à medida que as subunidades de pilina se desmontam. A isto chama-se o *modelo de gancho* da motilidade de contração e resulta em movimentos curtos, bruscos e intermitentes. A motilidade por contração foi observada em *Pseudonomsa aurogenonsa*, *Neisseria gonorreae* e algumas estirpes de *E. coli*. O outro tipo de motilidade associado aos pili é a motilidade de deslizamento, o movimento de deslizamento suave das mixobactérias. Embora o mecanismo exato seja desconhecido para a maioria das mixobactérias, algumas utilizam a retração do pilus. A motilidade de deslizamento fornece um meio para os micróbios se deslocarem em ambientes com baixo teor de água, *como* biofilmes e solo. Alguns pili são utilizados para unir as bactérias, permitindo a transferência de ADN de uma célula para outra, um processo designado por conjugação. Esses pili são chamados de pili de conjugação (sexo). Neste processo, o pilus de conjugação de uma bactéria chamada célula F+ liga-se a receptores na superfície de outra bactéria da sua própria espécie ou de uma espécie diferente. As duas células estabelecem contacto físico e o ADN da célula F+ é transferido para a outra célula. O ADN trocado pode acrescentar uma nova função à célula recetora, como a resistência a antibióticos ou a capacidade de digerir o seu meio de forma mais eficiente.

A parede celular

A parede celular da célula bacteriana é uma estrutura complexa e semi-rígida responsável pela forma da célula. A parede celular envolve a frágil membrana plasmática (citoplasmática) subjacente e protege-a, bem como o interior da célula, de alterações adversas do ambiente exterior. Quase todos os procariontes possuem parede celular. A principal função da parede celular é evitar que as células bacterianas se rompam quando a pressão da água no interior da célula é maior do que a pressão no exterior da célula. Também ajuda a manter a forma de uma bactéria e serve como ponto de ancoragem para os flagelos. À medida que o volume de uma célula bacteriana aumenta, a sua membrana plasmática e a parede celular alargam-se conforme necessário. Clinicamente, a parede celular é importante porque contribui para a capacidade de algumas espécies causarem doenças e é o local de ação de alguns antibióticos. Além disso, a composição química da parede celular é utilizada para diferenciar os principais tipos de bactérias.

Embora as células de alguns eucariotas, incluindo plantas, algas e fungos, tenham paredes celulares, as suas paredes diferem quimicamente das dos procariotas, têm uma estrutura mais simples e são menos rígidas .

Composição e características

A parede celular bacteriana é composta por uma rede macromolecular denominada peptidoglicano (também conhecida como *mureína)*, que está presente isoladamente ou em combinação com outras substâncias. O peptidoglicano é constituído por um dissacárido repetitivo ligado por polipéptidos para formar uma rede que envolve e protege toda a célula. A parte dissacárida é constituída por monossacáridos denominados N-acetilglucosamina (NAG) e ácido N-acetilmurâmico (NAM) (de *murus,* que significa parede), que estão relacionados com a glucose. Os vários componentes do peptidoglicano são reunidos em

a parede celular (Figura 4.13a). As moléculas alternadas de NAM e NAG estão ligadas em filas de 10 a 65 açúcares para formar uma "espinha dorsal" de hidratos de carbono (a porção de glicano do peptidoglicano). Adjacente estão ligadas por polipeptídeos (a porção peptídica do peptidoglicano). Embora a estrutura da ligação polipeptídica varie, inclui sempre *cadeias laterais tetrapeptídicas,* que consistem em quatro

aminoácidos ligados a NAMs na espinha dorsal. Os aminoácidos ocorrem num padrão alternado de formas D e L. Isto é único porque os aminoácidos encontrados noutras proteínas são formas L. As cadeias laterais paralelas dos tetrapeptídeos podem estar diretamente ligadas entre si ou ligadas por uma *ponte cruzada peptídica, que* consiste numa cadeia curta de aminoácidos. A penicilina interfere com a ligação final das filas de peptidoglicanos através de pontes cruzadas de péptidos. Como resultado, a parede celular fica muito enfraquecida e a célula sofre lise, destruição causada pela rutura da membrana plasmática e pela perda do citoplasma.

Paredes de células Gram-Positivas

Na maioria das bactérias gram-positivas, a parede celular é constituída por muitas camadas de peptidoglicano, formando uma estrutura espessa e rígida. Em contrapartida, as paredes celulares das bactérias gram-negativas contêm apenas uma fina camada de peptidoglicano. Além disso, as paredes celulares das bactérias gram-positivas contêm *ácidos tecóicos,* que consistem principalmente num álcool (como o glicerol ou o ribitol) e num fosfato. Existem duas classes de ácidos tecóicos: *o ácido ipoteicóico,* que atravessa a camada de peptidoglicano e está ligado à membrana plasmática, e *o ácido teicóico de parede,* que está ligado à camada de peptidoglicano. Devido à sua carga negativa (dos grupos fosfato), os ácidos teicóicos podem ligar-se e regular o movimento dos catiões (iões positivos) para dentro e para fora da célula. Podem também assumir um papel no crescimento celular, impedindo a rutura extensiva da parede e a possível lise celular. Por último, os ácidos teicóicos fornecem grande parte da especificidade antigénica da parede, permitindo assim identificar as bactérias gram-positivas através de determinados testes laboratoriais. Do mesmo modo, as paredes celulares dos estreptococos gram positivos estão cobertas por vários polissacáridos que permitem o seu agrupamento em tipos clinicamente significativos.

Paredes celulares de Gram-Negativos

As paredes celulares das bactérias gram-negativas são constituídas por uma ou poucas camadas de peptidoglicano e uma membrana externa. O peptidoglicano está ligado a lipoproteínas (lípidos ligados covalentemente a proteínas) na membrana externa e encontra-se no *periplasma*, um fluido semelhante a um gel entre a membrana externa e a membrana plasmática. O periplasma contém uma elevada concentração de enzimas de degradação e proteínas de transporte. As paredes celulares dos Gram-negativos não contêm ácidos teicóicos. Como as paredes celulares das bactérias gram-negativas contêm apenas uma pequena quantidade de peptidoglicano, são mais susceptíveis à rutura mecânica. A *membrana externa* da célula gram-negativa é constituída por lipopolissacáridos (LPS), lipoproteínas e fosfolípidos. A membrana externa tem várias funções especializadas. A sua forte carga negativa é um fator importante para evitar a fagocitose e as acções do complemento (lisa as células e promove a fagocitose), dois componentes das defesas do hospedeiro. A membrana externa também fornece uma barreira a certos antibióticos (por exemplo, penicilina), enzimas digestivas como a lisozima, detergentes, metais pesados, sais biliares e certos corantes.

No entanto, a membrana externa não constitui uma barreira a todas as substâncias do ambiente, uma vez que os nutrientes têm de passar para sustentar o metabolismo da célula. Parte da permeabilidade da membrana externa é devida a proteínas da membrana, chamadas **porinas,** que formam canais. As porinas permitem a passagem de moléculas como os nucleótidos, dissacáridos, péptidos, aminoácidos, vitamina B12 e ferro. O **lipopolissacárido** (LPS) da membrana externa é um

Molécula grande e complexa que contém lípidos e hidratos de carbono e é constituída por três componentes: (I) lípido A, (2) um polissacárido central e (3) um polissacárido 0. **O lípido A** é a porção lipídica do LPS e está incorporado na camada superior da membrana externa. Quando as bactérias gram-negativas morrem, libertam o lípido A, que funciona como uma endotoxina. O lípido A é responsável pelos sintomas associados às infecções por bactérias gram-negativas, tais como febre, dilatação dos vasos sanguíneos, choque e coagulação sanguínea. O **polissacárido central** está ligado ao lípido A e contém açúcares invulgares. O seu papel é estrutural - para proporcionar estabilidade. O polissacárido **o** estende-se para fora do polissacárido do núcleo e é composto por moléculas de açúcar. O polissacárido 0 funciona como um antigénio e é útil para distinguir espécies de bactérias gram negativas. Por exemplo, o agente patogénico de origem alimentar *E. coli* o IS7:H7 distingue-se de outros serovares através de certos testes laboratoriais que analisam estes antigénios específicos. Este papel é comparável ao dos ácidos teicóicos nas células gram-positivas.

Paredes celulares e o mecanismo de coloração de Gram

Agora que já estudou a coloração de Gram e a química da parede celular bacteriana (na secção anterior), é mais fácil compreender o mecanismo da coloração de Gram. O mecanismo baseia-se nas diferenças na estrutura das paredes celulares das bactérias gram-positivas e gram-negativas e na forma como cada uma delas reage aos vários reagentes (substâncias utilizadas para produzir uma reação química). O violeta de cristal, o corante primário, cora de púrpura tanto as células gram-positivas como as gram-negativas, porque o corante entra no citoplasma de ambos os tipos de células. Quando o iodo (o mordente) é aplicado, forma grandes cristais com o corante que são demasiado grandes para escapar através da parede celular. A aplicação de álcool desidrata o peptidoglicano das células gram-positivas, tornando-o mais impermeável ao cristal violeta-iodo.

O efeito nas células gram-negativas é bastante diferente; o álcool dissolve a membrana externa das células gram-negativas e deixa mesmo pequenos orifícios na fina camada de peptidoglicano através dos quais o cristal de violeta-iodo se difunde. Uma vez que as bactérias gram-negativas são incolores após a lavagem com álcool, a adição de safranina (a contra-coloração) torna as células cor-de-rosa. A safranina fornece uma cor contrastante com a coloração primária (violeta cristal). Embora tanto as células grampositivas como as gram-negativas absorvam a safranina, a cor rosa da safranina é mascarada pelo corante púrpura mais escuro previamente absorvido pelas células gram-positivas. Em qualquer população de células, algumas células gram-positivas darão uma resposta gram-negativa. Estas células estão normalmente mortas. No entanto, existem alguns géneros gram-positivos que apresentam um número crescente de células gram-negativas à medida que a cultura envelhece. *Bacillus* e *Clostridium* são exemplos e são frequentemente descritos como *gram-variáveis.*

Paredes celulares atípicas

Entre os procariotas, alguns tipos de células não têm paredes ou têm muito pouco material de parede. Estes incluem membros do género *Mycoplasma* e organismos relacionados. Os micoplasmas são as bactérias mais pequenas conhecidas que podem crescer e reproduzir-se fora das células hospedeiras vivas. Devido ao seu tamanho e ao facto de não terem paredes celulares, passam através da maioria dos filtros bacterianos e foram inicialmente confundidos com vírus. As suas membranas plasmáticas são únicas entre as bactérias por terem lípidos chamados *esteróis,* que se pensa ajudarem a protegê-las da lise (rutura). As arqueas podem não ter paredes ou podem ter paredes invulgares compostas por polissacáridos e proteínas, mas não por peptidoglicano. Estas paredes contêm, no entanto, uma substância semelhante ao peptidoglicano chamada *pseudomureína.* A pseudomureína contém ácido N-acetiltalosaminurónico em vez de NAM e não possui os D-aminoácidos que se encontram no

paredes celulares bacterianas. As arqueas geralmente não podem ser coradas pelo Gram, mas parecem gram-negativas porque não contêm peptidoglicano.

Paredes celulares ácido-rápidas

Estas bactérias contêm concentrações elevadas (60%) de um lípido ceroso hidrofóbico (ácido micólico) na sua parede celular que impede a absorção de corantes, incluindo os utilizados na coloração de Gram. O ácido micólico forma uma camada exterior a uma fina camada de peptidoglicano. O ácido micólico e o peptidoglicano são mantidos juntos por um polissacárido. A parede celular cerosa hidrofóbica faz com que ambas as culturas de *Mycobacterium se aglomerem* e se colem às paredes do frasco. As bactérias ácido-resistentes podem ser coradas com carbolfucsina; o aquecimento aumenta a penetração do corante. A carbolfuchsina

penetra na parede celular, liga-se ao citoplasma e resiste à remoção por lavagem com álcool-ácido. As bactérias ácido-resistentes retêm a cor vermelha da carbolfucsina porque esta é mais solúvel no ácido micólico da parede celular do que no ácido-álcool. Se a camada de ácido micólico for removida da parede celular das bactérias ácido-resistentes, estas apresentarão uma coloração gram-positiva com a coloração de Gram.

Danos na parede celular

Os produtos químicos que danificam as paredes celulares bacterianas, ou interferem com a sua síntese, muitas vezes não prejudicam as células de um hospedeiro animal porque a parede celular bacteriana é feita de produtos químicos diferentes dos das células eucarióticas. Assim, a síntese da parede celular é o alvo de alguns medicamentos antimicrobianos. Uma forma de danificar a parede celular é através da exposição à enzima digestiva *lisozima*. Esta enzima ocorre naturalmente em algumas células eucarióticas e é um constituinte das lágrimas, do muco e da saliva. A lisozima é particularmente ativa nos principais componentes da parede celular da maioria das bactérias gram-positivas, tornando-as vulneráveis à lise. A lisozima catalisa a hidrólise das ligações entre os açúcares na "espinha dorsal" dissacarídica repetitiva do peptidoglicano. Este ato é análogo ao corte dos suportes de aço de uma crista com um maçarico de corte: a parede celular gram-positiva é quase completamente destruída pela lisozima. O conteúdo celular que permanece rodeado pela membrana plasmática pode permanecer intacto se a lise não ocorrer; esta célula sem parede é denominada protoplasto. Tipicamente, um protoplasto é esférico e ainda é capaz de efetuar o metabolismo.

Alguns membros do género *Proteus,* bem como de outros géneros, podem perder as suas paredes celulares e inchar em células de forma irregular denominadas formas L, cujo nome deriva do Instituto Lister, onde foram descobertas. Podem formar-se espontaneamente ou desenvolver-se em resposta à penicilina (que inibe a formação da parede celular) ou à lisozima (que remove a parede celular). As formas L podem viver e dividir-se repetidamente ou regressar ao estado de parede. Quando a lisozima é aplicada a células gram-negativas, geralmente a parede não é destruída na mesma medida que nas células gram-positivas; parte da membrana externa também permanece. Neste caso, o conteúdo celular, a membrana plasmática e a camada de parede externa remanescente são denominados esferoplastos, também uma estrutura esférica. Para que a lisozima exerça o seu efeito nas células gramnegativas, as células são primeiro tratadas com EDTA (ácido etilenodiaminotetracético). O EDTA enfraquece as ligações iónicas na membrana externa, danificando-a e permitindo o acesso da lisozima à camada de peptidoglicano.

Os protoplastos e esferoplastos rebentam em água pura ou em soluções salinas ou açucaradas muito diluídas, porque as moléculas de água do fluido circundante se deslocam rapidamente para a célula, que tem uma concentração interna de água muito mais baixa, e a alargam. Esta rutura, chamada lise osmótica, será discutida em pormenor mais adiante. Como já foi referido, alguns antibióticos, como a penicilina, destroem as bactérias ao interferirem com a formação das pontes cruzadas de péptidos do peptidoglicano, impedindo assim a formação de uma parede celular funcional. A maioria das bactérias gram-negativas não é tão suscetível à penicilina como as bactérias gram-positivas, porque a membrana externa das bactérias gram-negativas forma uma barreira que inibe a entrada desta e de outras substâncias, e as bactérias gram-negativas têm menos pontes cruzadas de péptidos. No entanto, as bactérias gram-negativas são bastante susceptíveis a alguns antibióticos f3,-lactâmicos que penetram na membrana externa melhor do que a penicilina.

c. Estruturas internas à parede celular

A Membrana Plasmática (Citoplasma)

A membrana plasmática (citoplasmática) (ou *membrana interna*) é uma estrutura fina situada no interior da parede celular e que envolve o citoplasma da célula. A membrana plasmática dos procariotas é constituída principalmente por fosfolípidos, que são as substâncias químicas mais abundantes na membrana, e por proteínas. As membranas plasmáticas eucarióticas também contêm hidratos de carbono e esteróis, como o colesterol. Por não possuírem esteróis, as membranas plasmáticas procarióticas são menos rígidas do que as membranas eucarióticas. Uma exceção é o procarionte *Mycoplasma,* sem paredes, que contém esteróis na membrana.

Estrutura

As moléculas de proteína na membrana podem estar dispostas de várias formas. Algumas, chamadas *proteínas periféricas,* são facilmente removidas da membrana por tratamentos suaves e ficam na superfície interna ou externa da membrana. Podem funcionar como enzimas que catalisam reacções químicas, como um "andaime" de suporte e como mediadores de alterações na forma da membrana durante o movimento. Outras proteínas, chamadas *proteínas integrais,* só podem ser removidas da membrana depois de romper a bicamada lipídica (usando detergentes, por exemplo). A maioria das proteínas integrais penetra completamente na membrana e são chamadas *proteínas transmembranares.* Algumas proteínas integrais são canais que possuem um poro, ou orifício, através do qual as substâncias entram e saem da célula. Muitas das proteínas e alguns dos lípidos da superfície externa da membrana plasmática têm hidratos de carbono ligados a eles. As proteínas ligadas a hidratos de carbono são designadas glicoproteínas; os lípidos ligados a hidratos de carbono são designados glicolípidos. Tanto as glicoproteínas como os glicolípidos ajudam a proteger e a lubrificar a célula e estão envolvidos nas interacções célula-a-célula. Por exemplo, as glicoproteínas desempenham um papel em certas doenças infecciosas. O vírus da gripe e as toxinas que causam a cólera e o botulismo entram nas suas células-alvo ligando-se primeiro às glicoproteínas das suas membranas plasmáticas. Estudos demonstraram que as moléculas de fosfolípidos e de proteínas das membranas não são estáticas, mas movem-se livremente na superfície da membrana. Este movimento está muito provavelmente associado às muitas funções desempenhadas pela membrana plasmática. Devido ao facto de as caudas dos ácidos gordos se unirem, os fosfolípidos, na presença de água, formam uma bicamada auto-selante; como resultado, as rupturas e os rasgões na membrana curam-se a si próprios. A membrana tem de ser tão viscosa como o azeite, o que permite que as proteínas da membrana se movimentem suficientemente livremente para desempenharem as suas funções sem destruir a estrutura da membrana. Esta disposição dinâmica dos fosfolípidos e das proteínas é designada por modelo do mosaico fluido.

Funções

A função mais importante da membrana plasmática é servir como uma barreira selectiva através da qual os materiais entram e saem da célula. Nesta função, as membranas plasmáticas têm permeabilidade selectiva (por vezes designada por *semi-permeabilidade)*. Este termo indica que certas moléculas e iões passam através da membrana, mas que outros são impedidos de a atravessar. A permeabilidade da membrana depende de vários factores. As moléculas grandes (como as proteínas) não conseguem atravessar a membrana plasmática, possivelmente porque estas moléculas são maiores do que os poros das proteínas integrais que funcionam como canais. No entanto, as moléculas mais pequenas (como a água, o oxigénio, o dióxido de carbono e alguns açúcares simples) passam facilmente. Os iões penetram na membrana muito lentamente. As substâncias que se dissolvem facilmente nos lípidos (como o oxigénio, o dióxido de carbono e as moléculas orgânicas não polares) entram e saem mais facilmente do que outras substâncias, porque a membrana é constituída principalmente por fosfolípidos. O movimento de materiais através das membranas plasmáticas também depende de moléculas transportadoras, que serão descritas em breve. As membranas plasmáticas são também importantes para a decomposição de nutrientes e para a produção de energia. As membranas plasmáticas das bactérias contêm enzimas capazes de catalisar as reacções químicas que decompõem os nutrientes e produzem ATP. Nalgumas bactérias, os pigmentos e as enzimas envolvidas na fotossíntese encontram-se em estruturas da membrana plasmática que se estendem para o citoplasma. Estas estruturas membranosas são denominadas cromatóforos ou tilacóides. Quando observadas com um microscópio eletrónico, as membranas plasmáticas bacterianas parecem frequentemente conter uma ou mais dobras irregulares, denominadas mesossomas. Foram propostas muitas funções para os mesossomas. No entanto, sabe-se agora que são artefactos e não verdadeiras estruturas celulares. Pensa-se que os mesossomas são dobras na membrana plasmática que se desenvolvem através do processo utilizado para preparar amostras para microscopia eletrónica.

Destruição da membrana plasmática por agentes antimicrobianos
Uma vez que a membrana plasmática é vital para a célula bacteriana, não é surpreendente que vários agentes antimicrobianos exerçam os seus efeitos neste local. Para além dos produtos químicos que danificam a parede celular e, assim, expõem indiretamente a membrana a lesões, muitos

compostos danificam especificamente as membranas plasmáticas. Estes compostos incluem certos álcoois e compostos de amónio quaternário, que são utilizados como desinfectantes.

O movimento de materiais através de membranas

Os materiais atravessam as membranas plasmáticas das células procarióticas e eucarióticas através de dois tipos de processos: passivos e activos. Nos *processos passivos,* as substâncias atravessam a membrana de uma área de elevada concentração para uma área de baixa concentração (movem-se com o gradiente de concentração, ou diferença), sem qualquer gasto de energia (ATP) pela célula. Nos *processos activos,* a célula necessita de energia (ATP) para mover substâncias de áreas de baixa concentração para áreas de alta concentração (contra o gradiente de concentração). Processos passivos Os processos passivos incluem a difusão simples, a difusão facilitada e a osmose. A difusão simples é o movimento líquido (global) de moléculas ou iões de uma área de elevada concentração para uma área de baixa concentração. O movimento continua até que as moléculas ou iões estejam uniformemente distribuídos. O ponto de distribuição uniforme é designado por *equilíbrio.* As células utilizam a difusão simples para transportar certas moléculas pequenas, como o oxigénio e o dióxido de carbono, através das suas membranas celulares. Na difusão facilitada, as proteínas integrais da membrana funcionam como canais ou transportadores que facilitam o movimento de iões ou moléculas grandes através da membrana plasmática. Essas proteínas integrais são chamadas *permeases. A* difusão facilitada é semelhante à difusão simples, na medida em que a célula *não gasta* energia, porque a substância passa de uma concentração elevada para uma concentração baixa.

O processo difere da difusão simples na sua utilização de transportadores.

Alguns transportadores permitem a passagem de iões inorgânicos, na sua maioria pequenos, que são demasiado hidrofílicos para penetrarem no interior não polar da bicamada lipídica. Estes transportadores, que são comuns nos procariotas, são inespecíficos e permitem a passagem de uma grande variedade de iões (ou mesmo de pequenas moléculas). Outros transportadores, comuns nos eucariotas, são específicos e transportam apenas moléculas específicas, geralmente maiores, como açúcares simples (glicose, frutose e galactose) e vitaminas. Neste processo, a substância transportada liga-se a um transportador específico na superfície externa da membrana plasmática, que sofre uma mudança de forma; em seguida, o transportador liberta a substância no outro lado da membrana. Em alguns casos, as moléculas de que as bactérias necessitam são demasiado grandes para serem transportadas para o interior das células por estes métodos. A maioria das bactérias, no entanto, produz enzimas que podem quebrar moléculas grandes em moléculas mais simples (como proteínas em aminoácidos, ou polissacarídeos em açúcares simples). Estas enzimas, que são libertadas pelas bactérias no meio circundante, são apropriadamente designadas por *enzimas extracelulares*. Uma vez que as enzimas degradam as moléculas grandes, as subunidades movem-se para dentro da célula com a ajuda de transportadores. Por exemplo, transportadores específicos retiram as bases do ADN, como a purina guanina, do meio extracelular e levam-nas para o citoplasma da célula. A osmose é o movimento líquido de moléculas de solvente através de uma membrana seletivamente permeável de uma área com uma elevada concentração de moléculas de solvente (baixa concentração de moléculas de soluto) para uma área de baixa concentração de moléculas de solvente (alta concentração de moléculas de soluto). Nos sistemas vivos, o principal solvente é a água. As moléculas de água podem atravessar as membranas plasmáticas movendo-se através da bicamada lipídica por simples difusão ou através de proteínas integrais da membrana, chamadas *aqlwporil1s*, que funcionam como canais de água. Um saco feito de celofane, que é uma membrana seletivamente permeável, é preenchido com uma solução de sacarose a 20% (açúcar de mesa). O saco de celofane é colocado num copo contendo água destilada. Inicialmente, as concentrações de água em cada lado da membrana são diferentes. Devido às moléculas de sacarose, a concentração de água é menor no interior do saco de celofane. Portanto, a água move-se do copo (onde a sua concentração é maior) para o saco de celofane (onde a sua concentração é menor). No entanto, não há movimento de açúcar do saco de celofane para o copo, porque o celofane é impermeável às moléculas de açúcar - as moléculas de açúcar são demasiado grandes para atravessar os poros da membrana. À medida que a água entra no saco de celofane, a solução de açúcar torna-se cada vez mais diluída e, como o saco de celofane se expandiu até ao seu limite devido ao aumento do volume de água, a água começa a subir pelo tubo de vidro. Com o tempo, a água que se acumulou no saco de celofane e no tubo de vidro exerce uma pressão descendente que força as moléculas de água a saírem do saco de celofane e voltarem para o copo. Este movimento da água através de uma membrana seletivamente permeável produz pressão osmótica. A pressão osmótica é a pressão necessária para impedir o movimento da água pura (água sem solutos) para uma solução que contenha alguns solutos. Por outras palavras, empurra as moléculas de água do saco de volta para o copo para equilibrar a taxa de entrada de água no saco. A altura da solução no tubo de vidro em equilíbrio é uma medida da pressão osmótica. (c)- (e) Os efeitos de várias soluções nas células bacterianas, ou seja, a pressão osmótica é a pressão necessária para impedir o fluxo de água através da membrana seletivamente permeável (celofane). Uma célula bacteriana pode ser submetida a um dos três tipos de soluções osmóticas: isotónica, hipotónica ou hipertónica. Uma solução isotónica é um meio em que a concentração total de solutos é igual à que se encontra no interior de uma célula (*iso* significa igual). A água sai e entra na célula à mesma taxa (sem alteração líquida); o conteúdo da célula está em equilíbrio com a solução fora da parede celular. Anteriormente mencionámos que a lisozima e certos antibióticos (como a penicilina) danificam as paredes celulares das bactérias, causando a rutura das células, ou lise. Essa rutura ocorre porque o citoplasma bacteriano geralmente contém uma concentração tão alta de solutos que, quando a parede é enfraquecida ou removida, mais água entra na célula por osmose. A parede celular danificada (ou removida) não consegue conter o inchaço da membrana citoplasmática, e a membrana rompe-se. Este é um exemplo de lise osmótica causada pela imersão numa solução hipotónica. Uma solução hipotónica fora da célula é um meio cuja concentração de solutos é inferior à do interior da célula (*hipo* significa inferior ou menos). A maioria das bactérias vive em soluções hipotónicas e a parede celular resiste à osmose e protege as células da lise. As células com paredes celulares fracas, como as bactérias gram-negativas, podem rebentar ou sofrer lise osmótica como resultado de uma ingestão excessiva de água. Uma solução hipertónica é um meio com uma concentração de solutos superior à que a célula possui no seu interior (*hiper* significa acima ou mais). A maioria das células bacterianas colocadas numa solução hipertónica encolhem e colapsam ou *plasmolisam* porque a água deixa as células por osmose. Lembre-se que os termos *isotónico*, *hipotónico* e *hipertónico* descrevem a concentração das soluções fora da célula em *relação* à concentração dentro da célula. Processos activos A difusão simples e a difusão facilitada são mecanismos úteis para o transporte de substâncias para o interior das células quando as concentrações das substâncias são maiores no exterior da célula. No entanto, quando uma célula bacteriana se encontra num ambiente em que os nutrientes estão em baixa concentração, a célula deve utilizar processos activos, como o transporte ativo e a translocação de grupos, para acumular as substâncias necessárias.

Ao realizar o transporte ativo, a célula *utiliza energia* sob a forma de ATP para mover substâncias através da membrana plasmática. Embora estas substâncias também possam ser transportadas para o interior das células por processos passivos, o seu movimento por processos activos pode ir contra o gradiente de concentração, permitindo que uma célula acumule os materiais necessários. O movimento de uma substância no transporte ativo é normalmente do exterior para o interior, embora a concentração possa ser muito mais elevada no interior da célula. Tal como a difusão facilitada, o transporte ativo depende de proteínas transportadoras na membrana plasmática. Parece haver um transportador diferente para cada substância transportada ou grupo de substâncias transportadas intimamente relacionadas. O transporte ativo permite que os micróbios movam substâncias através da membrana plasmática a um ritmo constante, mesmo que estas estejam em falta. No transporte ativo, a substância que atravessa a membrana não é alterada pelo transporte através da membrana. Na translocação de grupo, uma forma especial de transporte ativo que ocorre exclusivamente em procariotas, a substância é quimicamente alterada durante o transporte através da membrana. Uma vez que a substância está alterada e dentro da célula, a membrana plasmática é impermeável a ela, de modo que ela permanece dentro da célula. Este importante mecanismo permite que uma célula acumule várias substâncias, mesmo que estas estejam em baixas concentrações fora da célula. A translocação de grupos requer energia fornecida por compostos fosfatados de alta energia, como o ácido fosfoenolpirúvico (PEP). Um exemplo de translocação de grupos é o transporte do açúcar glucose, que é frequentemente utilizado nos meios de crescimento das bactérias. Enquanto uma proteína transportadora específica transporta a molécula de glicose através da membrana, um grupo fosfato é adicionado ao açúcar. Esta forma fosforilada da glucose, que não pode ser transportada para fora, pode então ser utilizada nas vias metabólicas da célula. Algumas células eucarióticas (as que não têm paredes celulares) podem utilizar dois processos adicionais de transporte ativo chamados fagocitose e pinocitose.

Citoplasma

Para uma célula procariótica, o termo citoplasma refere-se à substância da célula dentro da membrana plasmática. O citoplasma é constituído por cerca de 80% de água e contém principalmente proteínas (enzimas), hidratos de carbono, lípidos, iões inorgânicos e muitos compostos de baixo peso molecular. Os iões inorgânicos estão presentes em concentrações muito mais elevadas no citoplasma do que na maioria dos meios. O citoplasma é espesso, aquoso, semitransparente e clástico. As principais estruturas no citoplasma de procariotas são um nucleoide (contendo DNA), partículas chamadas ribossomas e depósitos de reserva chamados inclusões. Os filamentos de proteínas no citoplasma são provavelmente responsáveis pelas formas celulares em bastonete e helicoidal das bactérias.

O nucleoide

O nucleoide de uma célula bacteriana contém normalmente um único fio de ADN de cadeia dupla, longo, contínuo e frequentemente disposto de forma circular, denominado cromossoma bacteriano. Este é a informação genética da célula, que transporta toda a informação necessária para as estruturas e funções da célula. Ao contrário dos cromossomas das células eucarióticas, os cromossomas bacterianos não estão rodeados por um invólucro (membrana) e não contêm histonas. Os núcleos podem ser esféricos, alongados ou em forma de haltere. Nas bactérias em crescimento ativo, cerca de 20% do volume da célula é ocupado por ADN, uma vez que estas células pré-sintetizam material nuclear para células futuras. O cromossoma está ligado à membrana plasmática. Pensa-se que as proteínas da membrana plasmática são responsáveis pela replicação do ADN e pela segregação dos novos cromossomas nas células filhas durante a divisão celular. Para além do cromossoma bacteriano, as bactérias contêm frequentemente pequenas moléculas de ADN de cadeia dupla, geralmente circulares, denominadas plasmídeos. Estas moléculas são elementos genéticos cromossómicos extra, ou seja, não estão ligadas ao cromossoma bacteriano principal e replicam-se independentemente do ADN cromossómico. A investigação indica que os plasmídeos estão associados a proteínas da membrana plasmática. Os plasmídeos contêm geralmente de 5 a 100 genes que não são cruciais para a sobrevivência da bactéria em condições ambientais normais; os plasmídeos podem ser adquiridos ou perdidos sem prejudicar a célula. Em certas condições, no entanto, os plasmídeos são uma vantagem para as células. Os plasmídeos podem transportar genes para actividades como a resistência a antibióticos, a tolerância a metais tóxicos, a produção de toxinas e a síntese de enzimas. Os plasmídeos podem ser transferidos de uma bactéria para outra. De facto, o ADN plasmídico é utilizado para a manipulação de genes em biotecnologia.

Ribossomas

Todas as células eucarióticas e procarióticas contêm ribossomas que funcionam como locais de síntese de proteínas. As células que têm taxas elevadas de síntese proteica, como as que estão em crescimento ativo, têm um grande número de ribossomas. O citoplasma de uma célula procariótica contém dezenas de milhares dessas estruturas muito pequenas, que dão ao citoplasma uma aparência granular. Os ribossomas são compostos por duas subunidades, cada uma das quais é constituída por proteínas e por um tipo de ARN denominado ARN *ribossómico (, ARN)*. Os ribossomas procarióticos diferem dos ribossomas eucarióticos pelo número de proteínas e moléculas de ARNr que contêm; são também um pouco mais pequenos e menos densos do que os ribossomas das células eucarióticas. Por conseguinte, os ribossomas procarióticos são designados por ribossomas 70S e os das células eucarióticas por ribossomas 80S. A letra S refere-se a unidades Svedberg, que indicam a taxa relativa de sedimentação durante a centrifugação de ultra-alta velocidade. A taxa de sedimentação é uma função do tamanho, peso e forma de uma partícula. As subunidades de um ribossoma 70S são uma pequena subunidade 305 que contém uma molécula de rRNA e uma subunidade 50S maior que contém duas moléculas de rRNA.

Inclusões

No citoplasma das células procarióticas existem vários tipos de depósitos de reserva, conhecidos como inclusões. As células podem acumular certos nutrientes quando estes são abundantes e utilizá-los quando o ambiente é deficiente. As evidências sugerem que as macromoléculas concentradas em inclusões evitam o aumento da pressão osmótica que resultaria se as moléculas estivessem dispersas no citoplasma. Algumas inclusões são comuns a uma grande variedade de bactérias, enquanto outras são limitadas a um pequeno número de espécies e, portanto, servem como base para a identificação.

Grânulos Metacromáticos

Os grânulos metacromáticos são grandes inclusões que tomam o seu nome pelo facto de, por vezes, se corarem de vermelho com certos corantes azuis, como o azul de metileno. São conhecidos coletivamente como volutina. A volutina representa uma reserva de fosfato inorgânico (polifosfato) que pode ser utilizada na síntese de ATP. É geralmente formada por células que crescem em ambientes ricos em fosfato. Os grânulos metacromáticos são encontrados em algas, fungos e protozoários, bem como em bactérias.

Grânulos de polissacáridos

As inclusões conhecidas como grânulos de polissacáridos são normalmente constituídas por glicogénio e amido e a sua presença pode ser demonstrada quando se aplica iodo às células. Na presença de iodo, os grânulos de glicogénio aparecem em castanho avermelhado e os grânulos de amido em azul.

Inclusões lipídicas

As inclusões lipídicas aparecem em várias espécies de *Mycobacterium, Bacillus, Azotobacter, Spirillum* e outros géneros.

Enxofre granulado

Certas bactérias - por exemplo, as "bactérias do enxofre" que pertencem ao género Tiobacillils - obtêm energia através da oxidação do enxofre e de compostos contendo enxofre. Estas bactérias podem depositar grânulos de enxofre na célula, onde servem como uma reserva de energia.

Carboxissomas

As bactérias fotossintéticas utilizam o dióxido de carbono como única fonte de carbono e necessitam desta enzima para a fixação do dióxido de carbono. Entre as bactérias que contêm carboxissomas encontram-se as bactérias nitrificantes, as cianobactérias e os tiobacilos.

Vacúolos de gás

As cavidades ocas que se encontram em muitos procariotas aquáticos, incluindo cianobactérias, bactérias fotossintéticas anoxigénicas e bactérias halo, são chamadas vacúolos de gás. Cada vacúolo é constituído por filas de várias *vesículas de gás* individuais, que são cilindros ocos cobertos por proteínas. Os vacúolos gasosos mantêm a flutuabilidade para que as células possam permanecer a uma profundidade na água adequada para receberem quantidades suficientes de oxigénio, luz e nutrientes.

Magnetossomas

Os magnetossomas são inclusões de óxido de ferro (Fe304)' formadas por várias bactérias gram-negativas. As bactérias podem utilizar os magnetossomas para se deslocarem para baixo até atingirem um local de fixação adequado. In vitro, os magnetossomas podem decompor o peróxido de hidrogénio, que se forma nas células na presença de oxigénio. Os investigadores especulam que os magnetossomas podem proteger a célula contra a acumulação de peróxido de hidrogénio.

Endosporos

Quando os nutrientes essenciais se esgotam, certas bactérias gram-positivas, como as dos géneros *Clostridium* e *Bacillus*, formam células especializadas de "repouso" chamadas endosporos. Como verá mais adiante, alguns membros do género *Clostridium* causam doenças como gangrena, tétano, botulismo e intoxicação alimentar. Alguns membros do género *Bacillus* causam carbúnculo e intoxicação alimentar. Únicos nas bactérias, os esporos terminais são células desidratadas altamente duráveis com paredes espessas e camadas adicionais. São formados internamente à membrana celular bacteriana. Quando libertados no ambiente, podem sobreviver ao calor extremo, à falta de água e à exposição a muitos produtos químicos tóxicos e à radiação. As células vegetativas das bactérias formadoras de endosporos iniciam a esporulação quando um nutriente chave, como a fonte de carbono ou azoto, se torna escasso ou indisponível. Na primeira fase observável da esporulação, um cromossoma bacteriano recém-replicado e uma pequena porção de citoplasma são isolados por um crescimento da membrana plasmática chamado *septo do esporo*. O septo do esporo torna-se uma membrana de camada dupla que envolve o cromossoma e o citoplasma. Entre as duas camadas de membrana, são colocadas camadas espessas de peptidoglicano. Em seguida, forma-se um *revestimento* espesso de proteínas à volta da membrana exterior; este revestimento é responsável pela resistência dos endosporos a muitos produtos químicos agressivos. A célula original é degradada e o endosporo é libertado.

O diâmetro do endósporo pode ser igual, menor ou maior que o diâmetro da célula vegetativa. Quando o endósporo amadurece, a parede da célula vegetativa rompe-se (lise), matando a célula, e o endósporo é libertado. A maior parte da água presente no citoplasma do pré-esporo é eliminada quando a esporulação está completa, e os endosporos não realizam reacções metabólicas. O núcleo altamente desidratado do endósporo contém apenas DNA, pequenas quantidades de RNA, ribossomos, enzimas e algumas pequenas moléculas importantes. Estas últimas incluem uma quantidade notavelmente grande de um ácido orgânico chamado *ácido dipicolílico* (encontrado no citoplasma), que é acompanhado por um grande número de iões de cálcio. Estes componentes celulares são essenciais para retomar o metabolismo mais tarde. Os endosporos podem permanecer dormentes durante milhares de anos. Um endósporo regressa ao seu estado vegetativo através de um processo designado por germinação. A germinação é desencadeada por danos físicos ou químicos no revestimento do endósporo. As enzimas do endósporo quebram então as camadas extra que o envolvem, a água entra e o metabolismo recomeça. Uma vez que uma célula vegetativa forma um único endósporo que, após a germinação, continua a ser uma única célula, a esporulação em bactérias *não é* um meio de reprodução. Este processo não aumenta o número de células. Os endosporos bacterianos diferem dos esporos formados pelos actinomicetos (procarióticos) e pelos fungos eucarióticos e algas, que se desprendem da célula-mãe e se desenvolvem noutro organismo, representando, portanto, uma reprodução. Os endosporos são importantes do ponto de vista clínico e na indústria alimentar porque são resistentes a processos que normalmente matam as células vegetativas. Estes processos incluem o aquecimento, a congelação, a dessecação, a utilização de produtos químicos e a radiação. Enquanto a maioria das células vegetativas são mortas por temperaturas superiores a 70°C, os endosporos podem sobreviver em água a ferver durante várias horas ou mais. Os endosporos de bactérias termofílicas (que gostam de calor) podem sobreviver em água a ferver durante 19 horas. As bactérias formadoras de endosporos são um problema na indústria alimentar porque é provável que sobrevivam durante o processamento e, se houver condições para o crescimento, algumas espécies produzem toxinas e doenças.

Pergunta de revisão

1. **Explique**

    a. O arranjo bacteriano

    b. O metabolismo bacteriano em comparação com o dos
organismos superiores

    c. O que é a estrutura externa e interna das bactérias?

d.   A diferença entre bactérias gram-negativas e gram-positivas

5. Crescimento e nutrição das bactérias

5.1 Crescimento e necessidades de crescimento

Os requisitos para o crescimento

Os requisitos para o crescimento microbiano podem ser divididos em categorias *principais*: físicos e químicos. Os aspectos físicos incluem a temperatura, o pH e a pressão osmótica. Os requisitos químicos incluem fontes de carbono, azoto, enxofre, fósforo, oxigénio, oligoelementos e factores orgânicos de crescimento,

A. Requisitos físicos

Temperatura

A maioria dos microrganismos cresce bem às temperaturas que os seres humanos preferem, no entanto, certas bactérias são capazes de crescer a temperaturas extremas que certamente impediriam a sobrevivência de quase todos os organismos eucariotas. Os microrganismos são classificados em três grupos primários com base na sua gama de temperaturas preferidas: psicrófilos (micróbios que gostam de frio), mesófilos (micróbios que gostam de temperaturas moderadas) e termófilos' (micróbios que gostam de calor). A maioria das bactérias cresce apenas numa gama limitada de temperaturas, e as suas temperaturas máximas e mínimas de crescimento estão separadas apenas por cerca de 300e. Crescem mal nos extremos de temperatura alta e baixa dentro da sua gama. Cada espécie bacteriana cresce a determinadas temperaturas mínimas, óptimas e máximas. A temperatura mínima de crescimento é a temperatura mais baixa a que a espécie se desenvolve. A temperatura óptima de crescimento é a temperatura a que a espécie cresce melhor. A temperatura máxima de crescimento é a temperatura mais elevada a que é possível crescer. Ao representar graficamente a resposta de crescimento ao longo de uma gama de temperaturas, podemos ver que a temperatura óptima de crescimento se encontra geralmente perto do topo da gama; acima dessa temperatura, a taxa de crescimento diminui rapidamente, o que acontece presumivelmente porque a temperatura elevada inactivou os sistemas enzimáticos necessários da célula. Os intervalos e temperaturas máximas de crescimento que definem as bactérias como psicrófilas, mesófilas ou termófilas não são rigidamente definidos. Os psicrófilos, por exemplo, foram originalmente considerados simplesmente como organismos capazes de crescer a 0°C. No entanto, parece haver dois grupos bastante distintos capazes de crescer a essa temperatura. Um grupo, composto por psicrófilos no sentido mais estrito, pode crescer a 0°C mas tem uma temperatura óptima de crescimento de cerca de I Sol. A maioria destes organismos são tão sensíveis a temperaturas mais elevadas que nem sequer crescem numa sala razoavelmente quente (2S0e). Encontrados maioritariamente nas profundezas dos oceanos ou em certas regiões polares, estes organismos raramente causam problemas na conservação dos alimentos. O outro grupo que pode crescer a 0c tem temperaturas óptimas mais elevadas, geralmente ZCl-30oe e não pode crescer acima de cerca de 40°C. Os organismos deste tipo são muito mais comuns do que os psicrófilos e são os mais susceptíveis de serem encontrados na deterioração de alimentos a baixa temperatura, porque crescem bastante bem à temperatura do frigorífico.

A refrigeração é o método mais comum de conservação dos géneros alimentícios domésticos. Baseia-se no princípio de que as taxas de reprodução microbiana diminuem a baixas temperaturas. Embora os micróbios sobrevivam normalmente mesmo a temperaturas negativas (podem ficar completamente dormentes), o seu número diminui gradualmente. Algumas espécies diminuem mais rapidamente do que outras. Os psicrotróficos não crescem bem a baixas temperaturas, exceto em comparação com outros organismos; no entanto, com o tempo, são capazes de degradar lentamente os alimentos. Esta deterioração pode assumir a forma de micélio de bolor, lodo nas superfícies dos alimentos, ou sabores ou cores estranhas nos alimentos. A temperatura no interior de um frigorífico devidamente regulado retardará grandemente o crescimento da maioria dos organismos de deterioração e impedirá completamente o crescimento de todas as bactérias patogénicas, com exceção de algumas.

PH

O pH refere-se à acidez ou alcalinidade de uma solução. A maioria das bactérias cresce melhor num intervalo estreito de pH próximo da neutralidade, entre pH 6,5 e 7,5. Muito poucas bactérias crescem a um pH ácido inferior a cerca de pH 4. É por esta razão que alguns alimentos, como o chucrute, os pickles e muitos queijos, são preservados da deterioração pelos ácidos produzidos pela fermentação bacteriana. No entanto, algumas bactérias, chamadas audiófilas, são notavelmente tolerantes à acidez. Um tipo de bactéria quimioautotrófica, que se encontra na água de drenagem das minas de carvão e que oxida o enxofre para formar ácido sulfúrico, pode sobreviver a um valor de pH de I. Os bolores e as leveduras crescem numa gama de pH mais ampla do que as bactérias, mas o pH ótimo dos bolores e das leveduras é geralmente inferior ao das bactérias, normalmente cerca de pH 5 a 6. A alcalinidade também inibe o crescimento microbiano, mas raramente é utilizada para conservar alimentos. Quando as bactérias são cultivadas em laboratório, produzem frequentemente ácidos que acabam por interferir com o seu próprio crescimento. 1'0 para neutralizar os ácidos e manter o pH adequado, são incluídos tampões químicos no meio de cultura. As peptonas e os aminoácidos presentes em alguns meios actuam como tampões, e muitos meios também contêm sais de fosfato. Os sais de fosfato têm a vantagem de exibir o seu efeito tampão na gama de crescimento de pH da maioria das bactérias. Também não são tóxicos; de facto, fornecem fósforo, um nutriente essencial.

Pressão osmótica

Os microrganismos obtêm quase todos os seus nutrientes em solução a partir da água circundante. Assim, necessitam de água para crescer e a sua composição é de 80 a 90% de água. Pressões osmóticas elevadas têm o efeito de remover a água necessária de uma célula. Quando uma célula microbiana se encontra numa solução cuja concentração de solutos é superior à da célula (o ambiente é *hipertónico* para a célula), a água celular passa através da membrana plasmática para a concentração elevada de solutos. A importância deste fenómeno reside no facto de o crescimento da célula ser inibido, uma vez que a membrana plasmática se afasta da parede celular. Assim, a adição de sais (ou outros solutos) a uma solução, e o consequente aumento da pressão osmótica, pode ser utilizada para conservar alimentos. O peixe salgado, o mel e o leite condensado adoçado são preservados em grande parte por este mecanismo; as elevadas concentrações de sal ou de açúcar retiram a água das células microbianas presentes, impedindo assim o seu crescimento. Estes efeitos da pressão osmótica estão mais ou menos relacionados com o *número* de moléculas e iões dissolvidos num volume de solução. Alguns organismos, designados por halófilos extremos, adaptaram-se tão bem a concentrações elevadas de sal que, na realidade, necessitam delas para o seu crescimento. Os organismos provenientes de águas salinas como o Mar Morto necessitam frequentemente de cerca de 30% de sal e a ansa de inoculação (um dispositivo para manipular bactérias no laboratório) utilizada para as transferir tem de ser primeiro mergulhada numa solução saturada de sal. Mais comuns são os halófilos facultativos, que não requerem concentrações elevadas de sal, mas são capazes de crescer em concentrações de sal até 2%, uma concentração que inibe o crescimento de muitos outros organismos. Algumas espécies de halófilos facultativos podem tolerar até 15% de sal. A maioria dos microrganismos, no entanto, tem de ser cultivada num meio que é quase todo água. Por exemplo, a concentração de ágar (um polissacárido complexo isolado de algas marinhas) utilizada para solidificar os meios de crescimento microbiano é geralmente de cerca de 1,5%. Se forem utilizadas concentrações muito mais elevadas, o aumento da pressão osmótica pode inibir o crescimento de algumas bactérias. Se a pressão osmótica for invulgarmente baixa - *como* na água destilada, por exemplo - a água tende a entrar na célula em vez de sair dela. Alguns micróbios que têm uma parede celular relativamente fraca podem ser lisados por este tratamento.

B. Requisitos químicos

Carbono

Para além da água, um dos requisitos mais importantes para o crescimento microbiano é o carbono. O carbono é a espinha dorsal estrutural da matéria viva; é necessário para todos os compostos orgânicos que constituem uma célula viva. Metade do peso seco de uma célula bacteriana típica é carbono. Os quimioheterotróficos obtêm a maior parte do seu carbono da fonte de energia - materiais orgânicos como proteínas, hidratos de carbono e lípidos. Os quimioautotróficos e os fotoautotróficos obtêm o seu carbono a partir do dióxido de carbono.

Azoto, Enxofre e Fósforo

Para além do carbono, os microrganismos necessitam de outros elementos para sintetizar o material celular. Por exemplo, a síntese de proteínas requer quantidades consideráveis de azoto, bem como algum enxofre. A síntese de ADN e ARN também requer azoto e algum fósforo, tal como a síntese de ATP, a molécula tão importante para o armazenamento e transferência de energia química dentro da célula.

O azoto constitui cerca de 14% do peso seco de uma célula bacteriana e o enxofre e o fósforo juntos constituem cerca de outros 4%. Os organismos utilizam o azoto principalmente para formar o grupo amino dos aminoácidos das proteínas. Muitas bactérias satisfazem esta necessidade decompondo material contendo proteínas e reincorporando os aminoácidos em proteínas recém-sintetizadas e noutros compostos contendo azoto. Outras bactérias utilizam o azoto a partir de iões de amónio (NH4+), que já se encontram na forma reduzida e que normalmente se encontram em material celular orgânico. Outras bactérias ainda são capazes de obter azoto a partir de nitratos (compostos que se dissociam para dar o ião nitrato, N03- , em solução). Algumas bactérias importantes, incluindo muitas das cianobactérias fotossintetizantes, utilizam azoto gasoso (N2) diretamente da atmosfera. Este processo é designado por fixação de azoto. Alguns organismos que podem utilizar este método são de vida livre, principalmente no solo, mas outros vivem cooperativamente em simbiose com as raízes de leguminosas como o trevo, a soja, a alfafa, o feijão e a ervilha. O azoto fixado na simbiose é utilizado tanto pela planta como pela bactéria. O enxofre é utilizado para sintetizar aminoácidos contendo enxofre e vitaminas como a tiamina e a biotina. Fontes naturais importantes de enxofre incluem o ião sulfato (50/-), o sulfureto de hidrogénio e os aminoácidos que contêm enxofre. O fósforo é essencial para a síntese dos ácidos nucleicos e dos fosfolípidos das membranas celulares. Encontra-se também, entre outros locais, nas ligações energéticas do ATP. Uma fonte de fósforo é o ião fosfato.

Oxigénio

Os micróbios que utilizam oxigénio molecular (aeróbios) produzem mais energia a partir dos nutrientes do que os micróbios que não utilizam oxigénio (anaeróbios). A. Os aeróbios obrigatórios estão em desvantagem porque o oxigénio é pouco solúvel na água do seu ambiente. Por isso, muitas das bactérias aeróbias desenvolveram, ou mantiveram, a capacidade de continuar a crescer na ausência de oxigénio. Por outras palavras, os anaeróbios facultativos podem perder o oxigénio quando este está presente, mas são capazes de continuar a crescer através da fermentação ou da respiração anaeróbia

Falta de enzimas para Presença de uma Produzir quantidades letais neutralizar a enzima nociva, SOD. Permite que as formas tóxicas de oxigénio formas tóxicas de oxigénio; formas nocivas de se expostas ao oxigénio atmosférico normal não toleram o oxigénio sejam parcialmente neutralizadas: tolera o oxigénio capaz. No entanto, a sua eficiência na produção de energia diminui na ausência de oxigénio. Exemplos de anaeróbios facultativos são as conhecidas *Escherichia coli* que se encontram no trato intestinal humano. Muitos tipos de leveduras são também anaeróbios facultativos. Recorde-se da discussão sobre a respiração anaeróbia que muitos micróbios são capazes de substituir o oxigénio por outros aceptores de electrões, como os iões nitrato, algo que os humanos não conseguem fazer.

Os anaeróbios obrigatórios são bactérias incapazes de utilizar o oxigénio molecular em reacções de produção de energia. De facto, a maioria é prejudicada por ele. O género *Clostridium*, que contém as espécies que causam o tétano e o botulismo, é o exemplo mais conhecido. Estas bactérias utilizam átomos de oxigénio presentes nos materiais celulares; os átomos são normalmente obtidos a partir da água. Para compreender como os organismos podem ser prejudicados pelo oxigénio, é necessário discutir brevemente as formas tóxicas do oxigénio:

1. O oxigénio singlete é o oxigénio molecular normal (O_2) que foi impulsionado para um estado de energia mais elevado e é extremamente reativo.

2. Os radicais superóxidos ou aniões superóxidos são formados em pequenas quantidades durante a respiração normal dos organismos que

utilizam o oxigénio como acetor final de electrões, formando água. Na presença de oxigénio, os anaeróbios obrigatórios também parecem formar alguns radicais superóxidos, que são tão tóxicos para os componentes celulares que todos os organismos que tentam crescer no oxigénio atmosférico têm de produzir uma enzima, a superóxido dismutase (SOD), para os neutralizar. A sua toxicidade é causada pela sua grande instabilidade, que os leva a roubar um eletrão a uma molécula vizinha, que por sua vez se torna um radical e rouba um eletrão, e assim sucessivamente. As bactérias aeróbias, os anaeróbios facultativos com crescimento aeróbio e os anaeróbios aerotolerantes produzem SOD, com a qual convertem o radical superóxido em oxigénio molecular (O_2) e peróxido de hidrogénio (H_2O_2):

3. O peróxido de hidrogénio produzido nesta reação contém o anião peróxido *e* é também tóxico.

Como o peróxido de hidrogénio produzido durante a respiração aeróbica normal é tóxico, os micróbios desenvolveram enzimas para o neutralizar. A mais conhecida é a catalase, que o converte em água e oxigénio: A catalase é facilmente detectada pela sua ação sobre o peróxido de hidrogénio. Quando uma gota de peróxido de hidrogénio é adicionada a uma colónia de células bacterianas que produzem catalase, são libertadas bolhas de oxigénio. Qualquer pessoa que tenha aplicado peróxido de hidrogénio numa ferida reconhecerá que as células do tecido humano também contêm catalase. A outra enzima que decompõe o peróxido de hidrogénio é a peroxidase, que difere da catalase na medida em que a sua reação não produz oxigénio:

4. O radical hidroxilo (OR) é outra forma intermédia de oxigénio e provavelmente a mais reactiva. É formado no citoplasma celular por radiação ionizante. A maior parte da respiração aeróbica produz vestígios de radicais hidroxilo, mas estes são transitórios. Estas formas tóxicas de

oxigénio são um componente essencial de uma das mais importantes defesas do organismo contra os agentes patogénicos, a fagocitose. No fagolisossoma da célula fagocitária, os agentes patogénicos ingeridos são mortos pela exposição ao oxigénio singlete, aos radicais superóxido, aos aniões peróxido de hidrogénio, aos radicais hidroxilo e a outros compostos oxidativos. Os anaeróbios obrigatórios normalmente não produzem nem superóxido dismutase nem catalase. Uma vez que as condições aeróbias conduzem provavelmente a uma acumulação de radicais superóxido no seu citoplasma, os anaeróbios obrigatórios são extremamente sensíveis ao oxigénio.

Os anaeróbios aerotolerantes não podem utilizar o oxigénio para crescer, mas toleram-no bastante bem. Na superfície de um meio sólido, crescem sem a utilização de técnicas especiais necessárias para os anaeróbios obrigatórios. Muitas das bactérias aerotolerantes fermentam carateristicamente os hidratos de carbono em ácido lático. À medida que o ácido lático se acumula, inibe o crescimento de competidores aeróbicos e estabelece um nicho ecológico favorável para os produtores de ácido lático. Um exemplo comum de anaeróbios aerotolerantes produtores de ácido lático é a bactéria

lactobacilos utilizados na produção de muitos alimentos fermentados ácidos, como os pickles e o queijo. No laboratório, são manuseados e cultivados como qualquer outra bactéria, mas não utilizam o oxigénio do ar. Estas bactérias podem tolerar o oxigénio porque possuem SOD ou um sistema equivalente que neutraliza as formas tóxicas de oxigénio anteriormente discutidas. Algumas bactérias são microaerófilas, ou seja, são aeróbias e necessitam de oxigénio. No entanto, só crescem em concentrações de oxigénio inferiores às do ar. Num tubo de ensaio de meio nutriente sólido, crescem apenas a uma profundidade em que pequenas quantidades de oxigénio se difundiram no meio; não crescem perto da superfície rica em oxigénio ou abaixo da zona estreita de oxigénio adequado. Esta tolerância limitada deve-se provavelmente à sua sensibilidade aos radicais superóxidos e peróxidos, que produzem em concentrações letais em condições ricas em oxigénio.

5.2.Factores de crescimento orgânico

Os compostos orgânicos essenciais que um organismo não é capaz de sintetizar são conhecidos como factores orgânicos de crescimento; têm de ser obtidos diretamente do ambiente. Um grupo de factores orgânicos de crescimento para os seres humanos são as vitaminas. A maioria das vitaminas funciona como coenzimas, os cofactores orgânicos necessários para o funcionamento de certas enzimas. Muitas bactérias podem sintetizar todas as suas próprias vitaminas e não dependem de fontes externas. No entanto, algumas bactérias não possuem as enzimas necessárias para a síntese de certas vitaminas, e para elas essas vitaminas são factores orgânicos de crescimento. Outros factores orgânicos de crescimento requeridos por algumas bactérias são os aminoácidos, as purinas e as pirimidinas.

Divisão bacteriana

Como mencionámos no início do capítulo, o crescimento bacteriano refere-se a um aumento do número de bactérias e não a um aumento do tamanho das células individuais. As bactérias normalmente se reproduzem por fissão binária. Algumas espécies de bactérias se reproduzem por brotamento; elas formam um pequeno crescimento inicial (um broto) que cresce até que seu tamanho se aproxime do da célula-mãe, e então se separa. Algumas bactérias filamentosas (certos actinomicetos) se reproduzem produzindo cadeias de conidiósporos carregados externamente nas pontas dos filamentos. Algumas espécies filamentosas simplesmente se fragmentam, e os fragmentos iniciam o crescimento de novas células.

Tempo de geração

Para efeitos de cálculo do tempo de geração das bactérias, consideraremos apenas a reprodução por fissão binária, que é de longe o método mais comum. Quando o número de células em cada geração é expresso como uma potência de 2, o expoente indica o número de duplicações (gerações) que ocorreram. O tempo necessário para uma célula se dividir (e a sua população duplicar) é designado por tempo de geração. Varia consideravelmente entre organismos e com as condições ambientais, como a temperatura. A maioria das bactérias tem um tempo de geração de 1-3 horas; outras requerem mais de 24 horas por geração. Se a fissão binária continuar sem controlo, será produzido um enorme número de células. Se uma duplicação ocorresse a cada 20 minutos - o que é o caso da E. *coli* em condições favoráveis - após 20 gerações uma única célula aumentaria para mais de 1 milhão de células. Isto exigiria um pouco menos de 7 horas. Em 30 gerações, ou 10 horas, a população seria de 1 bilião, e em 24 horas seria um número seguido de 21 zeros. É difícil representar graficamente mudanças populacionais de tão grande magnitude usando números aritméticos. É por isso que as escalas logarítmicas são geralmente utilizadas para representar graficamente o crescimento bacteriano. Compreender as representações logarítmicas das populações bacterianas requer algum uso da matemática e é necessário para qualquer pessoa que estude microbiologia.

Representação logarítmica de populações bacterianas

Para ilustrar a diferença entre gráficos logarítmicos e aritméticos de populações bacterianas, vamos expressar 20 gerações bacterianas tanto logaritmicamente como aritmeticamente. Quando algumas bactérias são inoculadas num meio de crescimento líquido e a população é contada em intervalos, é possível traçar uma curva de crescimento bacteriano que mostra o crescimento das células ao longo do tempo. Existem quatro fases básicas de crescimento: as fases lag, log, estacionária e morte.

A fase de desfasamento

Durante algum tempo, o número de células muda muito pouco porque as células não se reproduzem imediatamente num novo meio. Este período de pouca ou nenhuma divisão celular é chamado de fase lag, e pode durar de 1 hora a vários dias. Durante este período, no entanto, as células não estão dormentes. A população microbiana está a passar por um período de intensa atividade metabólica que envolve, nomeadamente, a síntese de enzimas e de várias moléculas. (A situação é análoga à de uma fábrica que está a ser equipada para produzir automóveis; há uma atividade considerável de preparação, mas não há um aumento imediato da população de automóveis).

A fase de registo

Eventualmente, as células começam a dividir-se e entram num período de crescimento, ou aumento logarítmico, designado por fase logarítmica, ou fase de crescimento exponencial. A reprodução celular é mais ativa durante este período, e o tempo de geração atinge um mínimo constante. Como o tempo de geração é constante, um gráfico logarítmico do crescimento durante a fase logarítmica é uma linha reta. A fase logarítmica é a
As populações de Baclerilll seguem uma série sequencial de fases de crescimento; o atraso, log. As fases estacionária e de morte ocorrem quando as células estão mais activas metabolicamente e são preferidas para fins industriais onde, por exemplo, um produto tem de ser produzido eficientemente.

A fase estacionária

Se o crescimento exponencial continuar sem controlo, poderá surgir um número surpreendentemente elevado de células. Por exemplo, uma única bactéria (com um peso de 9,5 X 10 - 13 g por célula) dividindo-se a cada 20 minutos durante apenas 25,5 horas pode teoricamente produzir uma população equivalente em peso à de um porta-aviões de 80.000 toneladas. Eventualmente, a taxa de crescimento diminui, o número de mortes microbianas equilibra o número de novas células e a população estabiliza-se. Este período de equilíbrio é designado por fase estacionária. O que causa a paragem do crescimento exponencial nem sempre é claro. A exaustão de nutrientes, a acumulação de produtos residuais e as alterações nocivas do pH podem ter um papel importante.

A fase da morte

O número de mortes eventualmente excede o número de novas células formadas, e a população entra na fase de morte, ou fase de declínio logarítmico. Esta fase continua até que a população seja reduzida a uma pequena fração do número de células da fase anterior ou até que a população se extinga completamente. Algumas espécies passam por toda a série de fases em apenas alguns dias; outras retêm algumas células sobreviventes quase indefinidamente.

5.3. Medição direta do crescimento microbiano

O crescimento das populações microbianas pode ser medido de várias formas. Alguns métodos medem o número de células; outros métodos medem a massa total da população, que é frequentemente diretamente proporcional ao número de células. Os números da população são normalmente registados como o número de células num mililitro de líquido ou num grama de material sólido. Como as populações bacterianas são geralmente muito grandes, a maioria dos métodos de contagem baseia-se em contagens directas ou indirectas de amostras muito pequenas; os cálculos determinam então o tamanho da população total. Suponha, por exemplo, que um milionésimo de mililitro (I0 - 6 ml) de leite azedo contém 70 células bacterianas. Então deve haver 70 vezes I milhão, ou 70 milhões de células por mililitro. No entanto, não é prático medir um milionésimo de mililitro de líquido ou um milionésimo de grama de alimento. Por isso, o procedimento é feito indiretamente, numa série de diluições. Por exemplo, se adicionarmos I 011 de leite a 99 011 de água, cada mililitro desta diluição tem agora um centésimo do número de bactérias que cada mililitro da amostra original tinha. Fazendo uma série dessas diluições, podemos facilmente estimar o número de bactérias na nossa amostra original. Para contar as populações microbianas em alimentos sólidos (como o hambúrguer), um homogenato de uma parte de alimento para nove partes de água é finamente triturado num misturador de alimentos. As amostras desta diluição inicial de um décimo podem então ser transferidas com uma pipeta para outras diluições ou contagens de células.

Contagem de placas

O método mais frequentemente utilizado para medir as populações bacterianas é a contagem em placas. Uma vantagem importante deste método é o facto de medir o número de células viáveis. Uma desvantagem pode ser o facto de demorar algum tempo, normalmente 24 horas ou mais, para que se formem colónias visíveis. Isto pode ser um problema sério em algumas aplicações, como o controlo de qualidade do leite, quando não é possível manter um determinado lote durante este período de tempo. As contagens em placas assumem que cada bactéria viva cresce e se divide para produzir uma única colónia. Isto nem sempre é verdade, porque as bactérias crescem frequentemente ligadas em cadeias ou como depósitos.

Assim, uma colónia resulta frequentemente, não de uma única bactéria, mas de segmentos curtos de uma cadeia ou de um aglomerado de bactérias. Para refletir esta realidade, as contagens em placas são frequentemente comunicadas como unidades formadoras de colónias (CFU). Quando se realiza uma contagem em placas, é importante que apenas um número limitado de colónias se desenvolva na placa. Quando estão presentes demasiadas colónias, algumas células ficam sobrelotadas e não se desenvolvem; estas condições causam imprecisões na contagem. A convenção da U.S. Food and Drug Administration é contar apenas placas com 25 a 250 colónias, mas muitos microbiologistas preferem placas com 30 a 300 colónias. Para garantir que algumas contagens de colónias estarão dentro deste intervalo, os inóculos originais são diluídos várias vezes num processo chamado diluição em série. Diluições em série Digamos, por exemplo, que uma amostra de leite tem 10.000 bactérias por mililitro. Se 1 ml desta amostra for colocado em placas, teoricamente formar-se-ão 10.000 colónias na placa de Petri com o meio. Obviamente, isto não produziria uma placa contável. Se I 011 desta amostra fosse transferida para um tubo contendo 9 011 de água esterilizada, cada mililitro de líquido neste tubo conteria agora 1000 bactérias. Se I 011 desta amostra fosse inoculada numa placa de Petri, haveria ainda demasiadas colónias potenciais para serem contadas numa placa. Por conseguinte, pode efetuar outra diluição em série. Um mililitro contendo 1000 bactérias seria transferido para um segundo tubo com 9 011 de água. Cada mililitro deste tubo conteria agora apenas 100 bactérias e se 1 011 do conteúdo deste tubo fosse colocado em placas, seriam formadas potencialmente 100 colónias - um número facilmente contável. Placas de Verter e Placas de Espalhar Uma contagem de placas é efectuada através do método da placa de verter ou do método da placa de espalhar. Introduz-se 1,0 ml ou 0,1 011 de diluições da suspensão bacteriana numa placa de Petri. O meio nutritivo, no qual o ágar é mantido líquido, mantendo-o num banho de água a cerca de 50°C, é vertido sobre a amostra, que é então misturada no meio por agitação suave da placa. Quando o ágar solidifica, a placa é incubada. Com a técnica da placa de derrame, as colónias crescerão dentro do ágar nutriente (a partir de células suspensas no meio nutriente à medida que o ágar solidifica), bem como na superfície da placa de ágar. Esta técnica tem alguns inconvenientes, porque alguns microrganismos relativamente sensíveis à alimentação podem ser danificados pelo ágar derretido e, por conseguinte, não conseguirão formar colónias. Além disso, quando se utilizam determinados meios diferenciais, o aspeto distintivo da colónia à superfície é essencial para fins de diagnóstico. As colónias que se formam por baixo da superfície de uma placa de aglutinação não são satisfatórias para estes testes. Os inóculos são então espalhados uniformemente sobre a superfície do meio com uma vareta de vidro ou metal esterilizada, com uma forma especial. Este método coloca todas as colónias à superfície e evita o contacto entre as células e o ágar fundido.

Filtragem

Quando a quantidade de bactérias é muito pequena, como em lagos ou cursos de água relativamente puros, as bactérias podem ser contadas através de métodos de filtração. Nesta técnica, pelo menos 100 ml de água são passados através de um filtro de membrana fina cujos poros são demasiado pequenos para permitir a passagem das bactérias. Assim, as bactérias são filtradas e retidas na superfície do filtro. Este filtro é então transferido para uma placa de Petri contendo uma almofada embebida em meio nutritivo líquido, onde surgem colónias a partir das bactérias na superfície do filtro. Este método é frequentemente aplicado na deteção e enumeração de bactérias coliformes, que são indicadores de contaminação fecal dos alimentos ou da água. As colónias formadas por estas bactérias são distintas quando se utiliza um meio nutritivo diferencial.

O método do número mais provável (NMP)

Outro método para determinar o número de bactérias numa amostra é o método do número mais provável (NMP). Esta técnica de estimativa estatística baseia-se no facto de que quanto maior for o número de bactérias numa amostra, maior será a diluição necessária para reduzir a densidade até ao ponto em que não restem bactérias para crescer nos tubos de uma série de diluições. O método NMP é mais útil quando os micróbios que estão a ser contados não crescem em meios sólidos (como as bactérias nitrificantes quimioautotróficas). É também útil quando o crescimento de bactérias num meio líquido diferencial é utilizado para identificar os micróbios (como as bactérias coliformes, que fermentam seletivamente a lactose em ácido, em testes de água). O NMP é apenas uma declaração de que existe uma probabilidade de 95% de a população bacteriana se situar num determinado intervalo e que o NMP é estatisticamente o número mais provável.

Estimativa do número de bactérias por métodos indirectos

Nem sempre é necessário contar as células microbianas para estimar o seu número. Na ciência e na indústria, o número e a atividade microbiana são também determinados por alguns dos seguintes meios indirectos.

Turbidez

Para alguns tipos de trabalho experimental, a estimativa da turvação é uma forma prática de monitorizar o crescimento bacteriano. À medida que as bactérias se multiplicam num meio líquido, o meio torna-se turvo, ou turvo com células. O instrumento utilizado para medir a turvação é um *espetrofotómetro* (ou colorímetro). No espetrofotómetro, um feixe de luz é transmitido através de uma suspensão bacteriana para um detetor sensível à luz. À medida que o número de bactérias aumenta, menos luz chega ao detetor. Esta alteração da luz será registada na escala do instrumento como a *percentagem de transmissão*. Também está impressa na escala do instrumento uma expressão logarítmica chamada *absorvância* (por vezes chamada *densidade ótica*, ou *aD*, que é calculada como Abs = 2 - log da % de transmissão). A absorvância é utilizada para traçar o crescimento bacteriano. Quando as bactérias estão em crescimento ou declínio logarítmico, um gráfico de absorvância versus tempo formará uma linha aproximadamente reta. Se as leituras de absorvância forem comparadas com as contagens em placa da mesma cultura, esta correlação pode ser utilizada em estimativas futuras do número de bactérias obtidas através da medição da turvação. Devem estar presentes mais de um milhão de células por mililitro para que os primeiros vestígios de turvação sejam visíveis. São necessários cerca de \0 milhões a 100 milhões de células por mililitro para tornar uma suspensão suficientemente turva para ser lida num espetrofotómetro. Por conseguinte, a turvação não é uma medida útil da contaminação de líquidos por um número relativamente pequeno de bactérias.

Atividade Metabólica

Outra forma indireta de estimar o número de bactérias é medir a *atividade metabólica* de uma população. Este método pressupõe que a quantidade de um determinado produto metabólico, como o ácido ou o CO_2, está em proporção direta com o número de bactérias presentes. Um exemplo de uma aplicação prática de um teste metabólico é o ensaio microbiológico em que a produção de ácido é utilizada para determinar as quantidades de vitaminas.

Peso seco

No caso das bactérias e bolores filamentosos, os métodos de medição habituais são menos satisfatórios. Uma contagem em placas não mede este aumento da massa filamentosa. Nas contagens de placas de actinomicetos e bolores, é sobretudo o número de esporos assexuados que é contado. Esta não é uma boa medida de crescimento. Uma das melhores formas de medir o crescimento de organismos filamentosos é através do *peso seco*. Neste procedimento, o fungo é removido do meio de crescimento, filtrado para remover material estranho e seco num exsicador. Em seguida, é pesado. Para as bactérias, segue-se o mesmo procedimento básico.

5.4.   Nutrição bacteriana

As necessidades bacterianas para o crescimento incluem fontes de energia, carbono "orgânico" (por exemplo, açúcares e ácidos gordos) e iões metálicos (por exemplo, ferro). A temperatura ideal, o pH e a necessidade (ou falta de necessidade) de oxigénio são importantes. As bactérias podem ser classificadas nos seguintes tipos, de acordo com a sua capacidade de sintetizar o metabolismo essencial.

A- **Autótrofos**:-

São bactérias capazes de sintetizar o seu próprio alimento orgânico a partir de substâncias inorgânicas. Utilizam o dióxido de carbono para obter carbono e utilizam o sulfureto de hidrogénio (H2S) ou o amoníaco (NH3) ou o hidrogénio (H2) como fonte de hidrogénio para reduzir o carbono

B- **Heterotróficos**:-

Os micróbios obtêm o seu carbono a partir de compostos orgânicos, como o açúcar, as proteínas e os lípidos. O hidrogénio é normalmente obtido a partir da água e o oxigénio é obtido a partir da atmosfera ou da água, onde se encontra em estado dissolvido.

Perguntas de revisão

1. Discuta o crescimento microbiano

2. Enumere e descreva a fase de crescimento bacteriano

3. Quais são os requisitos de crescimento mais microbiano

4. Descreva a nutrição bacteriana

5. Enumere e explique as medições microbianas

6. Genética microbiana

6.1 Estrutura e função do material genético

A genética é a ciência da hereditariedade; inclui o estudo do que são os genes, como transportam informação, como são replicados e transmitidos às gerações seguintes de células ou transmitidos entre organismos, e como a expressão da informação num organismo determina as características particulares desse organismo. A informação genética contida numa célula é designada por genoma. O genoma de uma célula inclui os seus cromossomas e plasmídeos. Os cromossomas são estruturas que contêm ADN que transportam fisicamente a informação hereditária; os cromossomas contêm os genes. Os genes são segmentos de ADN (exceto em alguns vírus, em que são feitos de ARN) que codificam produtos funcionais. Lembre-se que cada nucleótido é constituído por uma nucleobase (adenina, timina, citosina ou guanina), desoxirribose (um açúcar pentose) e um grupo fosfato. O ADN dentro de uma célula existe como longas cadeias de nucleótidos torcidos juntos em pares para formar uma dupla hélice.

Cada cadeia tem uma cadeia de grupos alternados de açúcar e fosfato *e* uma base azotada está ligada a cada açúcar na espinha dorsal. As duas cadeias são mantidas juntas por ligações de hidrogénio entre as suas bases azotadas. Os pares de bases ocorrem sempre de uma forma específica: a adenina emparelha sempre com a timina e a citosina emparelha sempre com a guanina. Devido a este emparelhamento específico de bases, a sequência de bases de uma cadeia de ADN determina a sequência de bases da outra cadeia. A estrutura do ADN ajuda a explicar duas características primárias do armazenamento de informação biológica. Primeiro, a sequência linear de bases fornece a informação efectiva. A informação genética é codificada pela sequência de bases ao longo de uma cadeia de ADN; da mesma forma que a nossa linguagem escrita utiliza uma sequência linear de letras para formar palavras e frases. A linguagem genética, no entanto, usa um alfabeto com apenas quatro letras - os quatro tipos de nucleobases no ADN (ou ARN). Mas 1000 destas quatro bases, o número contido num gene de tamanho médio, podem ser organizadas de 41000 maneiras diferentes. Este número astronomicamente elevado explica como é que os genes podem ser suficientemente variados para fornecer toda a informação de que uma célula necessita para crescer e desempenhar as suas funções. O código genético, o conjunto de regras que determina como uma sequência de nucleótidos é convertida na sequência de aminoácidos de uma proteína. Em segundo lugar, a estrutura complementar permite a duplicação exacta do ADN durante a divisão celular. Cada célula filha recebe uma das cadeias originais da célula mãe, assegurando assim uma cadeia que funciona corretamente. Grande parte do metabolismo celular está relacionada com a tradução da mensagem genética dos genes em proteínas específicas. Um gene normalmente codifica uma molécula de RNA mensageiro (mRNA), que resulta na formação de uma proteína. Em alternativa, o produto do gene pode ser um ARN ribossómico (ARNr) ou um ARN de transferência (ARNt). Como veremos, todos estes tipos de ARN estão envolvidos no processo de síntese proteica.

Genótipo e fenótipo

O genótipo de um organismo é a sua composição genética, a informação que codifica todas as características particulares do organismo. O genótipo representa as propriedades *potenciais*, mas não as propriedades em si. O fenótipo refere-se às propriedades *reais expressas*, como a capacidade do organismo para realizar uma determinada reação química. O fenótipo é, portanto, a manifestação do genótipo. Em termos moleculares, o genótipo de um organismo é o seu conjunto de genes, o seu ADN. A maioria das propriedades de uma célula deriva das estruturas e funções das suas proteínas. Nos micróbios, a maioria das proteínas são *enzimáticas* (catalisam reacções específicas) ou *estruturais* (participam em grandes complexos funcionais, como membranas ou flagelos). Mesmo os fenótipos que dependem de macromoléculas estruturais que não as proteínas (como os lípidos ou os polissacáridos) dependem indiretamente das proteínas. Por exemplo, a estrutura de uma molécula complexa de lípido ou polissacarídeo resulta das actividades catalíticas das enzimas que sintetizam, processam e degradam essas moléculas. Assim, embora não seja completamente exato dizer que os fenótipos se devem apenas às proteínas, é uma simplificação útil.

ADN e cromossomas

As bactérias têm tipicamente um único cromossoma circular constituído por uma única molécula circular de ADN com proteínas associadas. O cromossoma está enrolado e dobrado e ligado num ou em vários pontos à membrana plasmática. O ADN de *£. coli,* a espécie bacteriana mais estudada, tem cerca de 4,6 milhões de pares de bases e é cerca de 1 mm 10ng - 1000 vezes mais longo do que a célula inteira. No entanto, o cromossoma ocupa apenas cerca de 10% do volume da célula porque o ADN está torcido, ou *super enrolado - tal* como um fio de telefone quando se volta a colocar o auscultador no recetor. A localização dos genes num cromossoma bacteriano pode ser determinada através de experiências sobre a transferência de genes de uma célula para outra. Estes processos serão abordados mais adiante neste capítulo. O mapa do cromossoma bacteriano resultante é marcado em minutos correspondentes ao momento em que os genes são transferidos de uma célula dadora para uma célula recetora. Nos últimos anos, foram determinadas as sequências de bases completas de vários cromossomas bacterianos. Os computadores são utilizados para procurar frágeis de *leitura aberta,* ou seja, regiões do ADN susceptíveis de codificar uma proteína. Como verá mais adiante, estas são sequências de bases entre os códons de início e de paragem. A sequenciação e caraterização molecular dos genomas é designada por genómica.

O fluxo da informação genética

A replicação do ADN torna possível o fluxo de informação genética de uma geração para a seguinte. O ADN de uma célula replica-se antes da divisão celular, de modo a que cada célula da descendência receba um cromossoma idêntico ao do progenitor. Dentro de cada célula metabolizadora, a informação genética contida no ADN também flui de outra forma: é transcrita em ARNm e depois traduzida em proteínas.

Replicação do ADN

Na replicação do ADN, uma molécula "parental" de ADN de cadeia dupla é convertida em duas moléculas "filhas" idênticas. A estrutura complementar das sequências de bases azotadas na molécula de ADN é a chave para compreender a replicação do ADN. Como as bases ao longo das duas cadeias de ADN de dupla hélice são complementares, uma cadeia pode atuar como modelo para a produção da outra cadeia. A replicação do ADN requer a presença de várias proteínas celulares que dirigem uma determinada sequência de eventos.

Onde a timina está presente na cadeia original, apenas a adenina pode encaixar no lugar na nova cadeia; onde a guanina está presente na cadeia original, apenas a citosina pode encaixar no lugar, e assim por diante, Quaisquer bases que estejam indevidamente emparelhadas são removidas e substituídas por enzimas de replicação, Uma vez alinhado, o nucleótido recém-adicionado é unido à cadeia de ADN em crescimento por uma enzima chamada ADN polimerase. Em seguida, o ADN alugado é desenrolado um pouco mais para permitir a adição dos nucleótidos seguintes. O ponto em que a replicação ocorre é chamado de **garfo de replicação**. À medida que a forquilha de replicação se move ao longo do ADN parental, cada uma das cadeias simples desenroladas combina-se com novos nucleótidos. Antes de analisar a replicação do ADN com mais pormenor, vamos analisar a estrutura do ADN. É importante compreender o conceito de que as cadeias de ADN emparelhadas estão orientadas em direcções opostas uma em relação à outra. Os átomos de carbono do componente de açúcar de cada nucleótido estão numerados de)' (pronuncia-se "um primo") a 5'. Para que as bases emparelhadas estejam próximas umas das outras, os componentes de açúcar numa cadeia estão de cabeça para baixo em relação à outra. A extremidade com a hidroxila ligada ao carbono 3' é chamada de extremidade 3' da fita de DNA; a extremidade com um fosfato ligado ao carbono 5' é chamada de extremidade 5'. A forma como as duas cadeias se encaixam determina que a direção 5' - 3' de uma cadeia seja contrária à direção 5' - 3' da outra cadeia. Esta estrutura do ADN afecta o processo de replicação porque as polimerases do ADN só podem adicionar novos nucleótidos à extremidade 3'. Por isso, à medida que a forquilha de replicação se move ao longo do ADN parental, as duas novas cadeias têm de crescer em direcções diferentes. A replicação do ADN requer uma grande quantidade de energia. A energia é fornecida pelos nucleótidos, que na realidade são trifosfatos de nucleósidos. Já conhece o ATP; a única diferença entre o AT!' e o nucleótido de adenina no ADN é o componente de açúcar. A desoxirribose é o açúcar nos nucleósidos utilizados para sintetizar o ADN, e os trifosfatos de nucleósidos com ribose são utilizados para sintetizar o ARN. Dois grupos fosfato são removidos para adicionar o nucleótido a uma cadeia crescente de ADN; a hidrólise do nucleósido é exergónica e fornece energia para fazer as novas ligações na cadeia de ADN. A replicação do ADN em algumas bactérias, como a *E. coli,* é *bidirecional* em torno do cromossoma. Duas forquilhas de replicação movem-se em direcções opostas, afastando-se da origem da replicação. Como o cromossoma bacteriano é um ciclo fechado, as forquilhas de replicação acabam por se encontrar quando a replicação está concluída. Os dois laços devem ser separados por uma topoisomerase. Muitas evidências mostram uma associação entre a membrana plasmática bacteriana e a origem da replicação. Após a duplicação, se cada cópia da origem se ligar à membrana em pólos opostos, então cada célula filha recebe uma cópia da molécula de ADN - ou seja, um cromossoma completo. A replicação do ADN é um processo incrivelmente preciso. Normalmente, os erros são cometidos a uma taxa de apenas I em cada 1010 bases incorporadas. Esta precisão deve-se em grande parte à capacidade *de revisão* da DNA polimerase. À medida que cada nova base é adicionada, a enzima avalia se ela forma a estrutura de emparelhamento de bases complementar adequada. Caso contrário, a enzima elimina a base imprópria.

Síntese de ARN e de proteínas

Como é que a informação contida no ADN é utilizada para produzir as proteínas que controlam as actividades celulares? No processo de *transcrição*, a informação genética do ADN é copiada, ou transcrita, para uma sequência de bases complementares do ARN. A célula utiliza então a informação codificada neste ARN para sintetizar proteínas específicas através do processo de *tradução*. Vamos agora analisar mais detalhadamente estes dois processos tal como ocorrem numa célula bacteriana.

Transcrição

A transcrição é a síntese de uma cadeia complementar de RNA a partir de um molde de DNA. Iremos discutir aqui a transcrição em células procarióticas. Como mencionado anteriormente, existem três tipos de RNA nas células bacterianas: RNA mensageiro, RNA ribossómico e RNA de transferência. O RNA ribossómico é parte integrante dos ribossomas, a maquinaria celular para a síntese de proteínas. O ARN mensageiro (ARNm) transporta a informação codificada para a produção de proteínas específicas do ADN para os ribossomas, onde as proteínas são sintetizadas, e substitui-o pelo ADN. Durante a transcrição, uma cadeia de mRNA é sintetizada usando uma porção específica do DNA da célula como modelo. Por outras palavras, a informação genética armazenada na sequência de bases azotadas do ADN é reescrita de modo a que a mesma informação apareça na sequência de bases do ARNm. Tal como na replicação do ADN, um G no modelo de ADN dita um C no ARNm que está a ser produzido, um C no modelo de ADN dita um G no ARNm e um T no modelo de ADN dita um A no ARNm. No entanto, um A no

O ADN molde dita um uracilo (U) no ARNm; porque o ARN contém U em vez de T. (V tem uma estrutura química ligeiramente diferente de T, mas emparelha bases da mesma forma). Se, por exemplo, a porção molde do ADN tiver a sequência de bases 3' -ATGCAT, a cadeia de ARNm recém-sintetizada terá a sequência de bases complementar 5' - UACGUA. O processo de transcrição requer uma enzima chamada *RNA polimerase* e um suprimento de nucleotídeos de RNA. A transcrição começa quando a RNA polimerase se liga ao DNA num local chamado promotor. Apenas uma das duas fitas de ADN serve de molde para a síntese de ARN de um determinado gene. Tal como o ADN, o ARN é sintetizado na direção 5' - 3'. A síntese de RNA continua até que a RNA polimerase atinja um local no DNA chamado terminador. O processo de transcrição permite que a célula produza cópias de curto prazo de genes que podem ser usados como fonte direta de informação para a síntese de proteínas. O ARN mensageiro actua como um intermediário entre a forma de armazenamento permanente, o ADN, e o processo que utiliza a informação, a tradução.

Tradução

A síntese proteica é designada por tradução porque envolve a descodificação dos ácidos nucleicos e a conversão dessa informação em proteínas. A linguagem do ARNm tem a forma de códons. Grupos de *três* nucleótidos, como AUG, GGC ou AAA. A sequência de códons numa molécula de ARNm determina a sequência de aminoácidos que estarão na proteína que está a ser sintetizada. Os codões são escritos em termos da sua sequência de bases no ARNm. Repare que existem 64 codões possíveis mas apenas 20 aminoácidos. Isto significa que a maioria dos aminoácidos é sinalizada por vários codões alternativos, uma situação designada por degenerescência do código. Por exemplo, a leucina tem seis codões e a alanina tem quatro codões. A degenerescência permite uma certa quantidade de alterações, ou mutações, no ADN sem afetar a proteína finalmente produzida. Os códons do mRNA são convertidos em proteínas através do processo de tradução. Os códons de um mRNA são sequencialmente; e, em resposta a cada códon, o aminoácido apropriado é montado numa cadeia crescente. O local de tradução é o ribossoma, e as moléculas de ARN de transferência (ARNt) reconhecem os códons específicos e transportam os aminoácidos necessários. Cada molécula de ARNt tem um anticódão, uma sequência de três bases que é complementar a um códão. Desta forma, uma molécula de ARNt pode fazer o emparelhamento de bases com o seu códão associado. Cada ARNt pode também transportar na sua outra extremidade *o* aminoácido codificado pelo códão que o ARNt reconhece. *As* funções do ribossoma consistem em dirigir a ligação ordenada dos ARNt aos códons e em reunir os aminoácidos que lhes estão associados numa cadeia, produzindo finalmente uma proteína.

O ribossoma desloca-se então ao longo do ARNm para o códão seguinte. À medida que os aminoácidos adequados são alinhados, um a um, formam-se ligações peptídicas entre eles, dando origem a uma cadeia polipeptídica. A tradução termina quando um dos três códons sem sentido no mRNA é atingido. O ribossoma separa-se então nas suas duas subunidades, e o ARNm e a cadeia polipeptídica recém-sintetizada são libertados. O ribossoma, o mRNA e os tRNAs ficam então disponíveis para serem utilizados novamente. O ribossoma move-se ao longo do ARNm na direção 5' - 3'. À medida que o ribossoma se desloca ao longo do ARNm, permite que o códão de início seja exposto. Outros ribossomas podem então juntar-se e começar a sintetizar proteínas. Desta forma, existem normalmente vários ribossomas ligados a um único ARNm, todos em várias fases da síntese proteica. Nas células procarióticas, a tradução do ARNm em proteína pode começar mesmo antes da transcrição estar completa.

Como o mRNA é produzido no citoplasma, os códons de início de um mRNA que está sendo transcrito estão disponíveis para os ribossomos antes mesmo que a molécula inteira de mRNA seja feita. Nas células eucarióticas, a transcrição ocorre no núcleo. O mRNA deve ser completamente sintetizado e movido através da membrana nuclear para o citoplasma antes que a tradução possa começar; o RNA passa por processamento antes de deixar o núcleo. Nas células eucarióticas, as regiões dos genes que codificam as proteínas são frequentemente interrompidas por DNA não codificante. Assim, os genes eucarióticos são compostos por exões, as regiões do DNA *expressas*, e intrões, as regiões *intervenientes* do DNA que não codificam proteínas. No núcleo, a RNA polimerase sintetiza uma molécula chamada transcrição de RNA que contém cópias dos intrões.

A Regulação da Expressão Génica Bacteriana

A maquinaria genética de uma célula e a sua maquinaria metabólica estão interligadas e são interdependentes. A caraterística comum de todas as reacções metabólicas é que são catalisadas por enzimas. A inibição por feedback pára as enzimas que já foram sintetizadas. Vamos agora analisar os mecanismos que impedem a síntese de enzimas que não são necessárias. Como a síntese proteica requer uma grande quantidade de energia, a regulação da síntese proteica é importante para a economia de energia da célula. As células poupam energia produzindo apenas as proteínas necessárias num determinado momento. A produção de outras enzimas é regulada para que estejam presentes apenas quando necessário. O *tripanossoma*, o protozoário parasita que causa a doença do sono africana, tem centenas de genes que codificam as glicoproteínas de superfície. Cada célula do protozoário ativa apenas um gene de glicoproteína de cada vez. Como o sistema imunitário do hospedeiro mata os parasitas com um tipo de molécula de superfície, os parasitas que expressam uma glicoproteína de superfície diferente podem continuar a crescer.

Repressão e indução

Dois mecanismos de controlo genético, conhecidos como repressão e indução, regulam a transcrição de ARNm e, consequentemente, a síntese de enzimas a partir deles. Estes mecanismos controlam a formação e a quantidade de enzimas na célula, não as actividades das enzimas.

Repressão

O mecanismo regulador que inibe a expressão génica e diminui a síntese de enzimas é designado por repressão. A repressão é geralmente uma resposta à superabundância de um produto final de uma via metabólica; ela causa uma diminuição na taxa de síntese das enzimas que levam à formação desse produto. A repressão é mediada por proteínas reguladoras chamadas repressores, que bloqueiam a capacidade da RNA polimerase de iniciar a transcrição iónica dos genes reprimidos.

Indução

O processo que ativa a transcrição de um gene ou genes é a indução. Uma substância que actua para induzir a transcrição de um gene é chamada indutor, e as enzimas que são sintetizadas na presença de indutores são *enzimas induzíveis.* Os genes necessários para o metabolismo da lactose em *E. coli* são um exemplo bem conhecido de um sistema induzível. Um destes genes codifica a enzima galactosidase, que divide o substrato lactose em dois açúcares simples, glucose e galactose.

Mutação: Alteração no material genético

Uma mutação é uma alteração na sequência de bases do ADN. Uma alteração na sequência de bases de um gene provoca, por vezes, uma alteração no produto codificado por esse gene. Por exemplo, quando o gene de uma enzima sofre uma mutação, a enzima codificada pelo gene pode tornar-se inativa ou menos ativa devido à alteração da sua sequência de aminoácidos. Esta alteração no genótipo pode ser desvantajosa, ou mesmo letal, se a célula perder uma caraterística fenotípica de que necessita. No entanto, uma mutação pode ser benéfica se, por exemplo, a enzima alterada codificada pelo gene mutante tiver uma atividade nova ou melhorada que beneficie a célula. Muitas mutações simples são silenciosas (neutras)j a alteração na

A sequência de bases do ADN não provoca qualquer alteração na atividade do produto codificado pelo gene. As mutações silenciosas ocorrem geralmente quando um nucleótido é substituído por outro no ADN, especialmente numa localização correspondente à terceira posição do códão do ARNm. Devido à degenerescência do código genético, o novo códon resultante pode ainda codificar o mesmo aminoácido. Mesmo que o aminoácido seja alterado, a função da proteína pode não mudar se o aminoácido estiver numa porção não vital da proteína, ou se for quimicamente muito semelhante ao aminoácido original.

Tipos de mutações

O tipo mais comum de mutação que envolve pares de bases simples é a substituição de bases (ou *mutação pontual)*, em que uma única base num ponto da sequência de ADN é substituída por uma base diferente. Quando o ADN se replica, o resultado é um par de bases substituído. Por exemplo, AT pode ser substituído por GC, ou CG por Gc. Se ocorrer uma substituição de bases num gene que codifica uma proteína, o ARNm transcrito a partir do gene terá uma base incorrecta nessa posição. Quando o ARNm é traduzido em proteína, a base incorrecta pode causar a inserção de um aminoácido incorreto na proteína. Se a substituição da base resultar numa substituição de aminoácidos na proteína sintetizada, esta alteração no ADN é conhecida como uma mutação de sentido errado. Os efeitos de tais mutações podem ser dramáticos. Por exemplo, a doença falciforme é causada por uma única alteração no gene da globina, o componente proteico da hemoglobina. A hemoglobina é a principal responsável pelo transporte de oxigénio dos pulmões para os tecidos. Uma única mutação de sentido errado, uma mudança de um A para um T num local específico, resulta na mudança de ácido glutâmico para valina na proteína. O efeito desta alteração é que a forma da molécula de hemoglobina muda em condições de baixo oxigénio, alterando a forma dos glóbulos vermelhos de tal forma que o movimento das células através de pequenos capilares é grandemente impedido. Ao criar um codão sem sentido (stop) no meio de uma molécula de ARNm, algumas substituições de bases impedem efetivamente a síntese de uma proteína funcional completa; apenas um fragmento é sintetizado. Uma substituição de bases que resulta num códão sem sentido é, portanto, designada por mutação sem sentido. Para além das mutações de pares de bases, existem também alterações no ADN denominadas mutações de deslocamento de estrutura, em que um ou alguns pares de nucleótidos são eliminados ou inseridos no ADN. Esta mutação pode deslocar a "estrutura de leitura translacional" - ou seja, o agrupamento três a três de nucleótidos reconhecidos como códões pelos ARNt durante a tradução. Por exemplo, a eliminação de um par de nucleótidos no meio de um gene provoca alterações em muitos aminoácidos a jusante do local da mutação original.

As mutações de deslocamento de estrutura resultam quase sempre num longo trecho de aminoácidos alterados e na produção de uma proteína inativa a partir do gene mutado. Na maioria dos casos, um códon sem sentido será eventualmente encontrado e, assim, terminará a tradução. Ocasionalmente, as mutações ocorrem quando um número significativo de bases é adicionado (inserido) num gene. A doença de Huntington, por exemplo, é uma doença neurológica progressiva causada pela inserção de bases extra num determinado gene. A razão pela qual estas inserções ocorrem neste gene em particular ainda está a ser estudada. As substituições de bases e as mutações por "frame shift" podem ocorrer espontaneamente devido a erros ocasionais cometidos durante a replicação do ADN. Estas mutações espontâneas ocorrem aparentemente na ausência de quaisquer agentes causadores de mutações. Os agentes presentes no ambiente, como certos produtos químicos e radiações, que direta ou indiretamente provocam mutações, são designados por agentes mutagénicos. Quase todos os agentes que podem reagir química ou fisicamente com o ADN podem potencialmente causar mutações. Uma grande variedade de produtos químicos, muitos dos quais são comuns na natureza ou em casa, são conhecidos como mutagénicos. .

Uma mutação num gene que codifica a membrana externa pode aumentar a patogenicidade; por exemplo, *as salmonelas* com uma membrana externa alterada podem sobreviver nos fagócitos. Uma mutação num gene que codifica a cápsula pode resultar numa diminuição da patogenicidade porque os fagócitos podem destruir a bactéria, como nos casos do

Mutagénicos

Mutagénicos químicos

Quando o ADN que contém estas adeninas modificadas se replica, uma molécula de ADN filha terá uma sequência de pares de bases diferente da do ADN progenitor. Eventualmente, alguns pares de bases AT da matriz terão sido alterados para pares de bases GC numa célula neta. O ácido nitroso faz uma alteração específica de pares de bases no ADN. Como todos os mutagénicos, altera o ADN em locais aleatórios. Outro tipo de mutagénio químico é o análogo de nucleósido. Estas moléculas são estruturalmente semelhantes às bases azotadas normais, mas têm propriedades de emparelhamento de bases ligeiramente alteradas. Quando os análogos de nucleósidos são administrados a células em crescimento, os análogos são incorporados aleatoriamente no ADN celular em vez das bases normais. Depois, durante a replicação do ADN, os análogos causam erros no emparelhamento de bases. As bases incorretamente emparelhadas serão copiadas durante a replicação subsequente do ADN, resultando em substituições de pares de bases nas células descendentes. Alguns medicamentos antivirais e antitumorais são análogos de nucleósidos, incluindo o AZT (azidotimidina), um dos principais medicamentos utilizados no tratamento da infeção pelo VIH. Outros agentes mutagénicos químicos causam pequenas deleções ou inserções, que podem resultar em mudanças de estrutura. Por exemplo, em determinadas condições, o benzopireno, presente no fumo e na fuligem, é um *mutagénico* eficaz de mudança de estrutura. A aflatoxina - produzida por

O *Aspergillums flavlls* - um bolor que cresce nos amendoins e nos cereais - é um mutagéneo de deslocação de estrutura, tal como os corantes de acridina utilizados experimentalmente contra as infecções pelo vírus do herpes. Os mutagénicos de deslocamento de estrutura têm normalmente o tamanho e as propriedades químicas adequadas para deslizarem entre os pares de bases empilhados da dupla hélice do ADN. Podem atuar deslocando ligeiramente as duas cadeias de ADN, deixando um espaço ou uma protuberância numa ou noutra cadeia. Quando as cadeias de ADN escalonadas são copiadas durante a síntese do ADN, um ou mais pares de bases podem ser inseridos ou eliminados no novo ADN de cadeia dupla. Curiosamente, os mutagénicos de frameshift são frequentemente potentes agentes cancerígenos.

Radiação

Os raios X e os raios gama são formas de radiação que são potentes mutagénicos devido à sua capacidade de ionizar átomos e moléculas. Estes electrões bombardeiam outras moléculas e causam mais danos, e muitos dos iões e radicais livres resultantes (fragmentos moleculares com electrões desemparelhados) são muito reactivos. Alguns destes iões podem combinar-se com bases no ADN, resultando em erros na replicação e reparação do ADN que produzem mutações. Um resultado ainda mais grave é a quebra de ligações covalentes na espinha dorsal de açúcar-fosfato do ADN, o que causa quebras físicas nos cromossomas. Outra forma de radiação mutagénica é a luz ultravioleta (UV), um componente não ionizante da luz solar normal. No entanto, a componente mais mutagénica da luz UV (comprimento de onda de 260 nm) é filtrada pela camada de ozono da atmosfera. O efeito mais importante da luz UV direta no ADN é a formação de ligações covalentes nocivas entre determinadas bases. As timinas adjacentes numa cadeia de ADN podem ligar-se entre si, formando dímeros de timina. Estes dímeros, se não forem reparados, podem causar danos graves ou a morte da célula, uma vez que esta não pode transcrever ou replicar corretamente esse ADN. As bactérias e outros organismos possuem enzimas que podem reparar os danos induzidos pelos raios UV.

A frequência da mutação

A taxa de mutação é a probabilidade de um gene sofrer uma mutação quando uma célula se divide. A replicação do ADN ocorre a uma taxa muito baixa, talvez apenas uma vez em cada 109 pares de bases replicadas (uma taxa de mutação de 10-9). Como o gene médio tem cerca de 103 pares de bases, a taxa espontânea de mutação é de cerca de um em em 10° (um milhão) de genes replicados. As mutações ocorrem geralmente de forma mais ou menos aleatória ao longo de um cromossoma. A ocorrência de mutações aleatórias de baixa frequência é um aspeto essencial da adaptação das espécies ao seu ambiente, uma vez que a evolução exige que a diversidade genética seja gerada aleatoriamente e a uma taxa baixa. Por exemplo, numa população bacteriana de dimensão significativa - digamos, superior a 107 células - serão sempre produzidas algumas novas células mutantes em cada geração. A maioria das mutações ou são prejudiciais e provavelmente serão removidas do pool genético quando a célula individual morrer, ou são neutras. No entanto, algumas mutações podem ser benéficas. Por exemplo, uma mutação que confere resistência a antibióticos é benéfica para uma população de bactérias que é regularmente exposta a antibióticos. Uma vez que tal caraterística tenha surgido através de mutação, as células portadoras do gene mutado têm maior probabilidade do que outras células de sobreviver e reproduzir-se, desde que o ambiente permaneça o mesmo. Em breve, a maioria das células da população terá o gene; terá ocorrido uma mudança evolutiva, embora em pequena escala. Um mutagénio aumenta normalmente a taxa espontânea de mutação, que é de cerca de um em cada 10 genes replicados, num fator de 10 a 1000 vezes. Por outras palavras, na presença de um mutagénio, a taxa normal de 10-0 mutações por gene replicado passa a ser uma taxa de 10-3 por gene replicado. Os mutagénios são utilizados experimentalmente para aumentar a produção de células mutantes para investigação sobre as propriedades genéticas dos microrganismos e para fins comerciais.

Identificação de mutantes

Os mutantes podem ser detectados através da seleção ou teste de um fenótipo alterado. Quer se utilize ou não um mutagénio, as células mutantes com mutações específicas são sempre raras quando comparadas com outras células da população. O problema é detetar um evento tão raro. As experiências são normalmente efectuadas com bactérias porque estas se reproduzem rapidamente, pelo que é fácil utilizar um grande número de organismos (mais de 109 por mililitro de caldo nutritivo). Além disso, como as bactérias têm geralmente apenas uma cópia de cada gene por célula, os efeitos de um gene mutado não são mascarados pela presença de uma versão normal do gene, como acontece em muitos organismos eucariotas. A seleção positiva (direta) envolve a deteção de células mutantes através da rejeição das células progenitoras não mutadas. Por exemplo, suponha que estamos a tentar encontrar bactérias mutantes que são resistentes à penicilina. Quando as células bacterianas são plaqueadas num meio contendo penicilina, o mutante pode ser identificado diretamente. As poucas células da população que são resistentes (mutantes) crescem e formam colónias, enquanto que as células parentais normais, sensíveis à penicilina, não conseguem crescer.

Identificação de agentes químicos cancerígenos

Muitos dos agentes mutagénicos conhecidos foram considerados cancerígenos, ou seja, substâncias que causam cancro nos animais, incluindo nos seres humanos. Nos últimos anos, as substâncias químicas presentes no ambiente, no local de trabalho e na alimentação têm sido apontadas como causas de cancro nos seres humanos. Os sujeitos habituais dos testes para determinar potenciais carcinogéneos são animais, e os procedimentos de teste são demorados e dispendiosos. Atualmente, existem procedimentos mais rápidos e menos dispendiosos para o rastreio preliminar de potenciais agentes cancerígenos. Um deles, denominado teste de Ames, utiliza bactérias como indicadores de carcinogéneos. O teste de Ames baseia-se na observação de que a exposição de bactérias mutantes a substâncias mutagénicas pode causar novas mutações que revertem o efeito (a alteração do fenótipo) da mutação original. Estas são chamadas *reversões.* Especificamente, o teste mede a reversão dos auxotróficos de histidina de *Saimollella* (células his-, mutantes que perderam a capacidade de sintetizar histidina) para células sintetizadoras de histidina (his+) após tratamento com um mutagénio. As bactérias são incubadas tanto na presença como na ausência da substância que está a ser testada. Uma vez que as enzimas animais têm de ativar muitas substâncias químicas em formas quimicamente reactivas para que a atividade mutagénica ou carcinogénica apareça, a substância química a testar e as bactérias mutantes são incubadas juntamente com extrato de fígado de rato, uma fonte rica em enzimas de ativação. Se a substância a testar for mutagénica, provocará a reversão das bactérias his- para bactérias his+ a uma taxa superior à taxa de reversão espontânea. O número de reversões observadas indica o grau em que uma substância é mutagénica e, por conseguinte, possivelmente cancerígena.

Transferência genética e recombinação

A recombinação genética refere-se à troca de genes entre duas moléculas de ADN para formar novas combinações de genes num cromossoma. Se uma célula recolhe um ADN estranho, parte dele pode inserir-se no cromossoma da célula - um processo chamado crossing over - e alguns dos genes transportados pelos cromossomas são baralhados. O ADN recombinou-se, de modo que o cromossoma transporta agora uma parte do ADN do dador. Se A e B representam ADN de indivíduos diferentes, como é que se aproximam o suficiente para se recombinarem? Nos eucariotas, a recombinação genética é um processo ordenado que ocorre normalmente como parte do ciclo sexual do organismo. O cruzamento ocorre geralmente durante a formação das células reprodutoras, de tal forma que estas células contêm ADN recombinante. Nas bactérias, a recombinação genética pode ocorrer de várias formas, que discutiremos nas secções seguintes. Tal como a mutação, a recombinação genética contribui para a diversidade genética de uma população, que é a fonte de variação na evolução. Em organismos altamente evoluídos, como os micróbios actuais, é mais provável que a recombinação seja benéfica do que a mutação, uma vez que a recombinação tem menos probabilidades de destruir a função de um gene e pode reunir combinações de genes que permitem ao organismo desempenhar uma nova e valiosa função. A principal proteína que constitui o flagelo da *Salmonella* é também uma das principais proteínas que provocam a reação do nosso sistema imunitário. No entanto, estas bactérias têm a capacidade de produzir duas proteínas flagelares diferentes. Como o nosso sistema imunitário responde contra as células que contêm uma forma da proteína flagelar, os organismos que produzem a segunda não são afectados. A proteína flagelar que é produzida é determinada por um evento de recombinação que aparentemente ocorre de forma aleatória no ADN cromossómico. Assim, ao alterar a proteína flagelar produzida, *a Salmonella* pode evitar melhor as defesas do hospedeiro. A transferência vertical de genes ocorre quando os genes são passados de um organismo para a sua descendência. As plantas e os animais transmitem os seus genes por transmissão vertical. As bactérias podem passar os seus genes não só para os seus descendentes, mas também lateralmente, para outros micróbios da mesma geração. A transferência horizontal de genes entre bactérias ocorre de várias formas. Em todos os mecanismos, a transferência envolve uma célula dadora que cede uma porção do seu ADN total a uma célula recetora. Uma vez transferido, parte do DNA do doador é geralmente incorporado ao DNA do recetor; o restante é degradado por enzimas celulares. A célula recetora que incorpora o ADN do dador no seu próprio ADN é chamada *recombinante*. A transferência de material genético entre bactérias não é de modo algum um acontecimento frequente; pode ocorrer em apenas 1% ou menos de uma população inteira. Vamos examinar em pormenor os tipos específicos de transferência genética.

Transformação em Bactérias

Durante o processo de transformação, os genes são transferidos de uma bactéria para outra sob a forma de ADN em solução. Este processo foi demonstrado pela primeira vez há mais de 70 anos, embora na altura não fosse compreendido. Não só a transformação mostrou que o material genético podia ser transferido de uma célula bacteriana para outra, como o estudo deste fenómeno acabou por levar à conclusão de que o ADN é o material genético. A primeira experiência de transformação foi realizada por Frederick Griffith, em Inglaterra, em 1928, enquanto trabalhava com duas estirpes de *Streptococcus*. Uma delas, uma estirpe virulenta (patogénica), tem uma cápsula de polissacarídeo que impede a fagocitose. As bactérias crescem e causam pneumonia. A outra, uma estirpe avirulenta, não tem a cápsula e não causa doença. Griffith estava interessado em determinar se as injecções de bactérias mortas pelo calor da estirpe encapsulada poderiam ser utilizadas para vacinar ratos contra a pneumonia. Tal como esperava, as injecções de bactérias encapsuladas vivas mataram o rato. As injecções de bactérias não encapsuladas vivas ou de bactérias encapsuladas mortas não mataram o rato. No entanto, quando as bactérias encapsuladas mortas foram misturadas com bactérias vivas não encapsuladas e injectadas nos ratos, muitos dos ratos morreram. No sangue dos ratos mortos, Griffith encontrou bactérias vivas encapsuladas. O material hereditário (genes) das bactérias mortas tinha entrado nas células vivas e alterou-as geneticamente de modo a que a sua descendência fosse encapsulada e, portanto, virulenta. Investigações posteriores baseadas na pesquisa de Griffith revelaram que a transformação bacteriana podia ser efectuada sem ratinhos. Foi inoculado um caldo com bactérias vivas não encapsuladas. Em seguida, foram adicionadas ao caldo bactérias encapsuladas mortas. Após incubação, verificou-se que a cultura continha bactérias vivas, encapsuladas e virulentas. As bactérias não encapsuladas tinham sido transformadas; tinham adquirido uma nova caraterística hereditária através da incorporação de genes das bactérias encapsuladas mortas. O passo seguinte foi extrair vários componentes químicos das células mortas para determinar qual o componente que causou a transformação. Desde a época da experiência de Griffith, foram recolhidas informações consideráveis sobre a transformação. Na natureza, algumas bactérias, talvez após a morte e lise celular, libertam o seu ADN no ambiente. Outras bactérias podem então encontrar o ADN e, dependendo da espécie e das condições de crescimento, absorver fragmentos de ADN e integrá-los nos seus próprios cromossomas por recombinação. Todos os descendentes de uma célula recombinante serão idênticos a ela. A transformação funciona melhor quando as células dadoras e receptoras estão muito próximas. Mesmo que apenas uma pequena porção do ADN de uma célula seja transferida para a recetora, a molécula que tem de atravessar a parede e a membrana da célula recetora é ainda muito grande. Quando uma célula recetora se encontra num estado fisiológico em que pode absorver o ADN do dador, diz-se que é competente. A competência resulta de alterações na parede celular que a tornam permeável a grandes moléculas de ADN. A bactéria E. *coli,* bem conhecida e amplamente utilizada, não é naturalmente competente para a transformação. No entanto, um simples tratamento laboratorial permite que a E. *coli* absorva facilmente o ADN.

Conjugação em Bactérias

Outro mecanismo pelo qual o material genético é transferido de uma bactéria para outra é conhecido como conjugação. A conjugação é mediada por um tipo de *plasmídeo,* um pedaço circular de ADN que se replica independentemente do cromossoma da célula. No entanto, os plasmídeos diferem dos cromossomas bacterianos na medida em que os genes que transportam não são normalmente essenciais para o crescimento da célula em condições normais. Os plasmídeos responsáveis pela conjugação são transmissíveis entre células durante a conjugação. A conjugação difere da transformação em dois aspectos principais. Em primeiro lugar, a conjugação requer um contacto direto entre células. Em segundo lugar, as células conjugantes devem geralmente ser de tipo de acasalamento oposto; as células dadoras devem ser portadoras do plasmídeo e as células receptoras geralmente não o são. Nas bactérias gram-negativas, o plasmídeo transporta genes que codificam a síntese de *pili sexuais,* projecções da superfície celular do dador que entram em contacto com o recetor e ajudam a colocar as duas células em contacto direto. As células das bactérias Gram-positivas produzem moléculas de superfície pegajosas que fazem com que as células entrem em contacto direto umas com as outras. No processo de conjugação, o plasmídeo é replicado durante a transferência de uma cópia de cadeia simples do ADN do plasmídeo para o recetor, onde a cadeia complementar é sintetizada. Como a maioria dos trabalhos experimentais sobre conjugação foi realizada com *E. coli,* descreveremos o processo neste organismo. Em *E. coli,* o fator F (fator de fertilidade) foi o primeiro plasmídeo que se observou ser transferido entre células durante a conjugação. Os dadores portadores de factores F (células F+) transferem o plasmídeo para os receptores (células F-), que se transformam em células F+. Em algumas células portadoras de factores F, o fator integra-se no cromossoma, convertendo a célula F+ numa célula Hfr (alta frequência de recombinação). Quando ocorre a conjugação entre uma célula Hfr e uma célula F-, o cromossoma da célula Hfr (com o seu fator F integrado) replica-se e uma cadeia parental do cromossoma é transferida para a célula recetora. A replicação do cromossoma Hfr começa no meio do fator F integrado, e um pequeno pedaço do fator F leva os genes cromossómicos para a célula F-. Normalmente, o cromossoma quebra-se antes de ser completamente transferido. Uma vez dentro da célula recetora, o ADN do dador pode recombinar-se com o ADN da célula recetora. (Assim, por conjugação com uma célula Hfr, uma célula F- pode adquirir novas versões de genes cromossómicos (tal como na transformação). No entanto, continua a ser uma célula F- porque não recebeu um fator F completo durante a conjugação.

Transdução em Bactérias

Um terceiro mecanismo de transferência genética entre bactérias é a transdução. Neste processo, o DNA bacteriano é transferido de uma célula doadora para uma célula recetora dentro de um vírus que infecta bactérias, chamado bacteriófago ou fago. Para compreender como funciona a transdução, vamos considerar o ciclo de vida de um tipo de fago transdutor de *E. coli;* este fago efectua uma transdução generalizada. Durante a reprodução do fago, o ADN e as proteínas do fago são sintetizados pela célula bacteriana hospedeira. O ADN do fago deve ser embalado no interior do revestimento proteico do fago. No entanto, o ADN bacteriano, o ADN plasmídico ou mesmo o ADN de outro vírus podem ser embalados dentro da capa proteica do fago. A Todos os genes contidos numa bactéria infetada por um fago de transdução generalizada têm a mesma probabilidade de serem empacotados numa capa de fago e transferidos. [Noutro tipo de transdução, designado por transdução especializada, apenas determinados genes bacterianos são transferidos. Num tipo de transdução especializada, o fago codifica certas toxinas produzidas pelos seus hospedeiros bacterianos, como a toxina diftérica para *Corynebacterium diphtheria*, a toxina eritrogénica para *Streptococcus pyogelles* e a toxina Shiga para *E. coli* OI57:H7. Para além da mutação, transformação e conjugação, a transdução é outra forma de as bactérias adquirirem novos genótipos.

Plasmídeos e transposões

Os plasmídeos e os transposões são elementos genéticos que fornecem mecanismos adicionais para a mudança genética. Ocorrem tanto em organismos procariotas como eucariotas, mas esta discussão centra-se no seu papel na mudança genética em procariotas.

Plasmídeos

Encontram-se principalmente em bactérias, mas também em alguns microrganismos eucarióticos, como a *Saccharomyces cerevisiae*. O fator F é um plasmídeo conjugativo que transporta genes para os pili sexuais e para a transferência do plasmídeo para outra célula. Embora os plasmídeos sejam geralmente dispensáveis, em certas condições os genes transportados por plasmídeos podem ser cruciais para a sobrevivência e o crescimento da célula. Por exemplo, os plasmídeos de dissimilação codificam enzimas que desencadeiam o catabolismo de certos açúcares e hidrocarbonetos invulgares. *Algumas* espécies de *Pseudomonas* podem, de facto, utilizar substâncias exóticas como o tolueno, a cânfora e os hidrocarbonetos do petróleo como fontes primárias de carbono e energia, porque possuem enzimas catabólicas codificadas por genes transportados em plasmídeos. Estas capacidades especializadas permitem a sobrevivência destes microrganismos em ambientes muito diversos e exigentes. Devido à sua capacidade de degradar e desintoxicar uma variedade de compostos invulgares, muitos deles estão a ser investigados para uma possível utilização na limpeza de resíduos ambientais. Outros plasmídeos codificam proteínas que melhoram a capacidade patogénica de uma bactéria. A estirpe de *E. coli* que causa a diarreia infantil e a diarreia do viajante contém plasmídeos que codificam a produção de toxinas e a fixação da bactéria às células intestinais. Sem estes plasmídeos, *a E. coli* é uma residente inofensiva do intestino grosso; com eles, é patogénica. Outras toxinas codificadas por plasmídeos incluem a toxina esfoliativa do *Staphylococcus aures, a* neurotoxina *do Clostridium tetani* e as toxinas do *Bacillus anthraces*. Outros plasmídeos ainda contêm genes para a síntese de bacteriocinas, proteínas tóxicas que matam outras bactérias. Estes plasmídeos foram encontrados em muitos géneros de bactérias e são marcadores úteis para a identificação de certas bactérias em laboratórios clínicos. Os factores de resistência (factores R) são plasmídeos que têm uma importância médica significativa. Foram descobertos pela primeira vez no Japão no final dos anos 50, após várias epidemias de disenteria. Em algumas dessas epidemias, o agente infecioso era resistente ao antibiótico habitual. Após o isolamento, verificou-se que o agente patogénico também era resistente a uma série de antibióticos diferentes. Além disso, outras bactérias normais dos doentes (como a *E. coli) também se* revelaram resistentes. Os investigadores descobriram rapidamente que estas bactérias adquiriram resistência através da propagação de genes de um organismo para outro. Os plasmídeos que mediam esta transferência são os factores R. Os factores R transportam genes que conferem à sua célula hospedeira resistência a antibióticos, metais pesados ou toxinas celulares. Muitos factores R contêm dois grupos de genes. Um grupo é designado por fador de transferência de resistência (RTF) e inclui genes para a replicação e conjugação de plasmídeos. O outro grupo, o r-determinante, contém os genes de resistência; codifica a produção de enzimas que inactivam determinados fármacos ou substâncias tóxicas. Diferentes factores R, quando presentes na mesma célula, podem recombinar-se para produzir factores R com novas combinações de genes nos seus r-determinantes. Em alguns casos, a acumulação de genes de resistência num único plasmídeo é bastante notável

Transposões

Os transposões são pequenos segmentos de ADN que podem mover-se (ser "transpostos") de uma região de uma molécula de ADN para outra. Esses pedaços de DNA têm de 700 a 40.000 pares de bases. Na década de 1950, a geneticista americana Barbara McClintock descobriu os transposões no milho, mas eles ocorrem em todos os organismos e foram estudados mais profundamente nos microorganismos. Podem mover-se de um local para outro no mesmo cromossoma ou para outro cromossoma ou plasmídeo.

Questões de revisão

1. O que é a genética
2. Explique a dupla hélice
3. Enumere e explique a estrutura e as funções da genética microbiana
4. Como é que a replicação microbiana empalidece
5. Diferencie os seguintes aspectos
   a. Forquilha de replicação
   b. Vertente principal
   c. Fio de atraso
d. Crescimento contínuo

7. Metabolismo microbiano

Genes e evolução

A diversidade fornece a matéria-prima para a evolução e a seleção natural fornece a sua força motriz. A seleção natural actua sobre as diversas populações para garantir a sobrevivência das que se adaptam a um determinado ambiente. Os diferentes tipos de microrganismos que existem atualmente são o resultado de uma longa história de evolução. Os microrganismos têm-se modificado continuamente através de alterações nas suas propriedades genéticas e da aquisição de adaptações a muitos habitats diferentes. Utilizamos o termo metabolismo para nos referirmos à soma de todas as reacções químicas dentro de um organismo vivo. Uma vez que as reacções químicas libertam ou requerem energia, o metabolismo pode ser visto como um ato de equilíbrio energético. Assim, o metabolismo pode ser dividido em duas classes de reacções químicas: as que libertam energia e as que necessitam de energia. Nas células vivas, as reacções químicas reguladas por enzimas que libertam energia são geralmente as que estão envolvidas no catabolismo, a decomposição de compostos orgânicos complexos em compostos mais simples. Estas reacções são designadas por reacções *catabólicas* ou *degradativas*. As reacções catabólicas são geralmente *reacções hidrolíticas* (reacções que utilizam água e nas quais são quebradas ligações químicas) e são *exergónicas* (produzem mais energia do que consomem). Um exemplo de catabolismo ocorre quando as células decompõem os açúcares em dióxido de carbono e água. As reacções que requerem energia regulada por enzimas estão principalmente envolvidas no anabolismo, a construção de moléculas orgânicas complexas a partir de outras mais simples. Estas reacções são designadas por reacções *anabólicas* ou *biossintéticas*. Exemplos de processos anabólicos são a formação de proteínas a partir de aminoácidos, de ácidos nucleicos a partir de nucleótidos e de polissacáridos a partir de açúcares simples. Estas reacções biossintéticas geram os materiais para o crescimento celular. As reacções catabólicas fornecem os blocos de construção para as reacções anabólicas e fornecem a energia necessária para as reacções anabólicas. Este acoplamento de reacções que requerem e libertam energia é possível através da molécula adenosina trifosfato (ATP). Armazena energia derivado de reacções catabólicas e liberta-o mais tarde para impulsionar reacções anabólicas e realizar outro trabalho celular.

Quando o grupo fosfato terminal se separa do ATP, forma-se o difosfato de adenosina (ADP) e liberta-se energia para impulsionar reacções anabólicas. Utilizando 0 para representar um grupo fosfato (O representa o fosfato inorgânico, que não está ligado a nenhuma outra molécula), escrevemos esta reação da seguinte forma

ATP-ADP + O i + energia

Em seguida, a energia das reacções catabólicas é utilizada para combinar ADP e um 0 para ressintetizar ATP:

Antes de discutirmos a forma como as células produzem energia, vamos primeiro considerar as principais propriedades de um grupo de proteínas envolvidas em quase todas as reacções químicas biologicamente importantes: as enzimas. As vias metabólicas de uma célula (sequências de reacções químicas) são determinadas pelas suas enzimas.

Enzimas

Teoria da colisão

Para que as reacções ocorram, os átomos, os iões ou as moléculas têm de colidir. A teoria da colisão explica como ocorrem as reacções químicas e como determinados factores afectam as taxas dessas reacções. A base da teoria das colisões é que todos os átomos, iões e moléculas estão em constante movimento e, por isso, estão continuamente a colidir uns com os outros. A energia transferida pelas partículas na colisão pode perturbar as suas estruturas electrónicas o suficiente para quebrar ligações químicas ou formar novas ligações. São vários os factores que determinam se uma colisão irá provocar uma reação química: as velocidades das partículas em colisão, a sua energia e as suas configurações químicas específicas. Até certo ponto, quanto maior for a velocidade das partículas, maior será a probabilidade de a sua colisão provocar uma reação. Além disso, cada reação química requer um nível específico de energia. Mas mesmo que as partículas em colisão possuam a energia mínima necessária para a reação, esta não terá lugar se as partículas não estiverem devidamente orientadas uma para a outra. Vamos supor que as moléculas da substância AB (o reagente) devem ser convertidas em moléculas das substâncias A e B (os produtos). Numa dada população de moléculas da substância AB, a uma temperatura específica, algumas moléculas possuem relativamente pouca energia; a maioria da população possui uma quantidade média de energia; e uma pequena parte da população possui uma energia elevada. Se apenas as moléculas AB de alta energia são capazes de reagir e ser convertidas em moléculas A e B, então apenas um número relativamente pequeno de moléculas possui energia suficiente para reagir numa colisão. A energia de colisão necessária para uma reação química é a sua energia de ativação, que é a quantidade de energia necessária para perturbar a configuração eletrónica estável de qualquer molécula específica, de modo a que os electrões possam ser rearranjados.

A velocidade de reação - a frequência de colisões com energia suficiente para provocar uma reação - depende do número de moléculas reagentes que se encontram no nível de energia de ativação ou acima dele. Uma forma de aumentar a velocidade de reação de uma substância é aumentar a sua temperatura. Ao fazer com que as moléculas se movam mais rapidamente, o calor aumenta tanto a frequência das colisões como o número de moléculas que atingem a energia de ativação. O número de colisões também aumenta quando a pressão é aumentada ou quando os reagentes estão mais concentrados (porque a distância entre as moléculas diminui). Nos sistemas vivos, as enzimas aumentam a velocidade de reação sem aumentar a temperatura.

Enzimas e reacções químicas

As substâncias que podem acelerar uma reação química sem serem elas próprias permanentemente alteradas são chamadas catalisadores. Nas células vivas, as enzimas servem de catalisadores biológicos. Como catalisadores, as enzimas são específicas. Cada uma actua sobre uma substância específica, chamada substrato da enzima (ou substratos, quando há dois ou mais reagentes), e cada uma catalisa apenas uma reação. Por exemplo, a sacarose (açúcar de mesa) é o substrato da enzima sacarose, que catalisa a hidrólise da sacarose em glucose e frutose. Como catalisadores, as enzimas normalmente aceleram as reacções químicas. A molécula tridimensional da enzima tem um *sítio ativo*, uma região que interage com uma substância química específica. A enzima orienta o substrato para uma posição que aumenta a probabilidade de uma reação. O complexo enzimasubstrato formado pela ligação temporária da enzima e dos reagentes permite que as colisões sejam mais eficazes e reduz a energia de ativação da reação. Assim, a enzima acelera a reação, aumentando o número de moléculas AB que atingem energia de ativação suficiente para reagir. A capacidade de uma enzima acelerar uma reação sem necessidade de aumentar a temperatura é crucial para os sistemas vivos, porque um aumento significativo da temperatura destruiria as proteínas celulares. A função crucial das enzimas é, portanto, acelerar as reacções bioquímicas a uma temperatura compatível com o funcionamento normal da célula.

Especificidade e eficiência da enzima

A especificidade das enzimas é possível graças às suas estruturas. As enzimas são geralmente grandes proteínas globulares que variam em peso molecular de cerca de 10.000 a vários milhões. Cada uma das milhares de enzimas conhecidas tem uma forma tridimensional caraterística com uma configuração de superfície específica como resultado das suas estruturas primária, secundária e terciária. A configuração única de cada enzima permite-lhe "encontrar" o substrato correto de entre o grande número de moléculas diversas existentes na célula. O número de rotatividade (número máximo de moléculas de substrato que uma molécula de enzima converte em produto por segundo) situa-se geralmente entre I e 10.000, podendo atingir 500.000.

Muitas enzimas existem na célula tanto na forma ativa como na forma inativa. O ritmo a que as enzimas alternam entre estas duas formas é determinado pelo ambiente celular.

Nomear Enzimas

Os nomes das enzimas terminam geralmente em *-ase*. Todas as enzimas podem ser agrupadas em seis classes, de acordo com o tipo de reação química que catalisam. As enzimas dentro de cada uma das classes principais são nomeadas de acordo com os tipos mais específicos de reacções que ajudam. Por exemplo, a classe denominada *Oxidoredutases* está envolvida em reacções de oxidação-redução (descritas brevemente).

As enzimas da classe das oxidoredutases que removem o hidrogénio de um substrato são designadas por *desidrogenases;* as que adicionam oxigénio molecular (O_2) são designadas por *oxidases*.

Componentes enzimáticos

Embora algumas enzimas sejam inteiramente constituídas por proteínas, a maioria é constituída por uma porção proteica, designada apoenzima, e por uma componente não proteica, designada cofator. Os iões de ferro, zinco, magnésio ou cálcio são exemplos de cofactores. Se o cofator for uma molécula orgânica, é designado por coenzima. As apoenzimas são inactivas por si só; têm de *ser* activadas por cofactores. Juntos, a apoenzima e o cofator formam uma holoenzima, ou seja, uma enzima completa e ativa. Se o cofator for removido, a apoenzima não funcionará, removendo electrões do substrato e doando-os a outras moléculas em reacções subsequentes. Muitos coenzimas são derivados de vitaminas. Dois dos coenzimas mais importantes no metabolismo celular são o nicotinamida adenina dinucleótido (NAD+) e o nicotinamida adenina dinucleótido fosfato (NADP+). 80 Estes compostos contêm derivados da vitamina niacina (ácido nicotínico) e ambos funcionam como transportadores de electrões. Enquanto o NAO+ está principalmente envolvido em reacções catabólicas (que produzem energia), o NAOP+ está principalmente envolvido em reacções anabólicas (que requerem energia). As coenzimas de flavina, como o mononucleótido de flavina (FMN) e o dinucleótido de flavina adenina (FAD), contêm derivados da vitamina riboflavina e são também transportadores de electrões. Outra coenzima importante, a coenzima A (CoA), contém um derivado do ácido pantoténico, outra vitamina 8. Esta coenzima desempenha um papel importante na síntese e decomposição das gorduras e numa série de reacções de oxidação denominada ciclo de Krebs.

O mecanismo da ação enzimática

As enzimas reduzem a energia de ativação das reacções químicas. A sequência geral de eventos na ação enzimática é a seguinte.

1. A superfície do substrato entra em contacto com uma região específica da superfície da molécula de enzima, denominada sítio

ativo.

2. Forma-se um composto intermédio temporário, denominado complexo enzima-substrato.

3. A molécula de substrato é transformada pelo rearranjo dos átomos existentes, pela quebra da molécula de substrato ou em combinação com outra molécula de substrato.

4. As moléculas de substrato transformadas - os produtos da reação - são libertadas da molécula de enzima porque já não cabem no sítio ativo da enzima.

5. A enzima inalterada está agora livre para reagir com outras moléculas de substrato.

Como resultado destes eventos, uma enzima acelera uma reação química. Como já foi referido, as enzimas têm *especificidade* para determinados substratos. Por exemplo, uma enzima específica pode ser capaz de hidrolisar uma ligação peptídica apenas entre dois aminoácidos específicos. Outras enzimas podem hidrolisar o amido mas não a celulose; embora tanto o amido como a celulose sejam polissacáridos compostos por subunidades de glucose, as orientações das subunidades nos dois polissacáridos são diferentes. As enzimas têm esta especificidade porque a forma tridimensional do local ativo se adapta ao substrato, tal como uma fechadura se adapta à sua chave; no entanto, o local ativo e o substrato são flexíveis e mudam de forma à medida que se encontram para se adaptarem mais firmemente. O substrato é normalmente muito mais pequeno do que a enzima, e relativamente poucos aminoácidos da enzima constituem o sítio ativo. Um determinado composto pode ser um substrato para várias enzimas diferentes que catalisam reacções diferentes, pelo que o destino de um composto depende da enzima que actua sobre ele. Pelo menos quatro enzimas diferentes podem atuar sobre a glicose 6-fosfato, uma molécula importante no metabolismo celular, e cada reação produzirá um produto diferente.

Factores que influenciam a atividade enzimática

As enzimas estão sujeitas a vários controlos celulares. Dois tipos principais são o controlo da *síntese* enzimática e o controlo da *atividade* enzimática (a quantidade de enzima presente e a sua atividade). Vários factores influenciam a atividade de uma enzima. Entre os mais importantes estão a temperatura, o pH, a concentração de substrato e a presença ou ausência de inibidores.

Temperatura

A taxa da maioria das reacções químicas aumenta à medida que a temperatura aumenta. As moléculas movem-se mais lentamente a temperaturas mais baixas do que a temperaturas mais altas e, por isso, podem não ter energia suficiente para provocar uma reação química. No entanto, para as reacções enzimáticas, a elevação para além de uma determinada temperatura (a temperatura óptima) reduz drasticamente a taxa de reação. A temperatura óptima para a maioria das bactérias produtoras de doenças no corpo humano situa-se entre 35°C e 40°C. A taxa de reação diminui para além da temperatura óptima devido à desnaturação da enzima, ou seja, à perda da sua estrutura tridimensional caraterística (configuração terciária). A desnaturação de uma proteína envolve a quebra de ligações de hidrogénio e outras ligações não covalentes; um exemplo comum é a transformação da clara de ovo crua (uma proteína chamada albumina) para um estado endurecido por aquecimento. A desnaturação de uma enzima altera a disposição dos aminoácidos no local ativo, alterando a sua forma e fazendo com que a enzima perca a sua capacidade catalítica. Em alguns casos, a desnaturação é parcial ou totalmente reversível. No entanto, se a desnaturação continuar até que a enzima perca a sua solubilidade e coagule, a enzima não pode recuperar as suas ligações originais. As enzimas podem também ser desnaturadas por ácidos concentrados, bases, iões de metais pesados (como chumbo, arsénio ou mercúrio), álcool e radiação ultravioleta.

PH

A maioria das enzimas tem um pH ótimo no qual a sua atividade é carateristicamente máxima. Acima ou abaixo deste valor de pH, a atividade enzimática e, portanto, a taxa de reação, diminuem. Quando a concentração de H+ (pH) no meio é alterada drasticamente, a estrutura tridimensional da proteína é alterada. Alterações extremas de pH podem causar desnaturação. Os ácidos (e as bases) alteram a estrutura tridimensional de uma proteína porque as ligações H+ (e) (como as ligações de hidrogénio) que mantêm a proteína ativa na sua forma tridimensional tornam a proteína desnaturada não funcional.

Q Que factores podem causar a desnaturação?

Concentração de substrato

Existe uma taxa máxima à qual uma certa quantidade de enzima pode catalisar uma reação específica. Só quando a concentração de substrato {s} é extremamente elevada é que esta taxa máxima pode ser atingida. Em condições de elevada concentração de substrato, diz-se que a enzima está em saturação; isto é, o seu sítio ativo está sempre ocupado por moléculas de substrato ou de produto. Nesta condição, um aumento adicional na concentração de substrato não afectará a velocidade de reação porque todos os locais activos já estão a ser utilizados. Em condições celulares normais, as enzimas não estão saturadas com substrato {s}. Num dado momento, muitas das moléculas de enzima estão inactivas por falta de substrato; assim, a concentração de substrato é suscetível de influenciar a velocidade da reação

Inibidores

Uma forma eficaz de controlar o crescimento das bactérias é controlar as suas enzimas. Certos venenos, como o cianeto, o arsénio e o mercúrio, combinam-se com as enzimas e impedem o seu funcionamento. Os inibidores enzimáticos são classificados como inibidores competitivos ou não competitivos. Os inibidores competitivos ocupam o local ativo de uma enzima e competem com o substrato normal para o local ativo. Um inibidor competitivo pode fazê-lo porque a sua forma e estrutura química são semelhantes às do substrato normal, mas, ao contrário do substrato, não sofre qualquer reação para formar produtos. Alguns inibidores competitivos ligam-se irreversivelmente a aminoácidos no local ativo, impedindo quaisquer outras interacções com o substrato. Outros ligam-se de forma reversível, ocupando e deixando alternadamente o sítio ativo; estes retardam a interação da enzima com o substrato. O aumento da concentração de substrato pode ultrapassar a inibição competitiva reversível. À medida que os locais activos se tornam disponíveis, há mais moléculas de substrato do que moléculas de inibidores competitivos disponíveis para se ligarem aos locais activos das enzimas. Os inibidores não competitivos não competem com o substrato pelo sítio ativo da enzima; em vez disso, interagem com outra parte da enzima. Neste processo, designado por inibição alostérica ("outro espaço"), o inibidor liga-se a um local da enzima diferente do local de ligação do substrato, designado por local alostérico. Esta ligação faz com que o sítio ativo mude a sua forma, tornando-o não funcional. Como resultado, a atividade da enzima é reduzida. Este efeito pode ser reversível ou irreversível, dependendo da possibilidade de o sítio ativo voltar à sua forma original. Em alguns casos, as interacções alostéricas podem ativar uma enzima em vez de a inibir. Outro tipo de inibição não competitiva pode atuar em enzimas que requerem iões metálicos para a sua atividade. Certos produtos químicos podem ligar ou amarrar os activadores de iões metálicos e, assim, impedir uma reação enzimática. O cianeto pode ligar o ferro em enzimas que contêm ferro, e o flúor pode ligar o cálcio ou o magnésio. Substâncias como o cianeto e o fluoreto são por vezes chamadas *venenos enzimáticos* porque inactivam permanentemente as enzimas.

Inibição de feedback

Os inibidores alostéricos desempenham um papel num tipo de controlo bioquímico denominado inibição por retroação, ou inibição do produto final. Este mecanismo de controlo impede que a célula produza mais de uma substância do que aquela de que necessita, desperdiçando assim recursos químicos. Em algumas reacções metabólicas, são necessárias várias etapas para a síntese de um determinado composto químico, designado por produto *final*. O processo é semelhante a uma linha de montagem, com cada etapa catalisada por uma enzima separada. Em muitas vias anabólicas, o produto final pode inibir alostericamente a atividade de uma das enzimas anteriores na via. Este fenómeno é a inibição por retroação. A inibição por retroalimentação actua geralmente sobre a primeira enzima de uma via metabólica (semelhante a desligar uma linha de montagem parando o primeiro trabalhador). Como a enzima é inibida, o produto da primeira reação enzimática na via não é sintetizado. Como esse produto não sintetizado seria normalmente o substrato para a segunda enzima da via, a segunda reação também pára imediatamente. Assim, apesar de apenas a primeira enzima da via ser inibida, toda a via é encerrada e nenhum novo produto final é formado. Ao inibir a primeira enzima da via, a célula também evita a acumulação de intermediários metabólicos. À medida que a célula consome o produto final existente, o sítio alostérico da primeira enzima fica mais frequentemente livre e a via retoma a atividade. A bactéria E. *coli* pode ser utilizada para demonstrar a inibição por retroação na síntese do aminoácido isoleucina, que é necessário para o crescimento da célula. Nesta via metabólica, o aminoácido treonina é enzimaticamente convertido em isoleucina em cinco passos. Se a isoleucina for adicionada ao meio de crescimento da E. *coli*, inibe a primeira enzima da via e as bactérias deixam de sintetizar isoleucina. Esta condição é mantida até que o fornecimento de isoleucina se esgote. Este tipo de inibição por retroação também está envolvido na regulação da produção celular de outros aminoácidos, bem como de vitaminas, purinas e pirimidinas.

Ribozimas

Antes de 1982, pensava-se que apenas as moléculas de proteína tinham atividade enzimática. Os investigadores que trabalhavam com micróbios descobriram um tipo único de ARN chamado ribossoma. Tal como as enzimas proteicas, os ribossomas funcionam como catalisadores, têm sítios activos que se ligam a substratos e não são utilizados numa reação química. Os ribossomas actuam especificamente nas cadeias de ARN, removendo secções e unindo as restantes partes. Neste aspeto, os ribossomas são mais restritos do que as enzimas proteicas em termos da diversidade de substratos com os quais interagem.

Produção de energia

As moléculas de nutrientes, como todas as moléculas, têm energia associada aos electrões que formam ligações entre os seus átomos. Quando está espalhada por toda a molécula, esta energia é difícil de utilizar pela célula. No entanto, várias reacções nas vias catabólicas concentram a energia nas ligações do ATP, que serve como um transportador de energia conveniente. O ATP é geralmente referido como tendo ligações de "alta energia". Na verdade, um termo melhor seria provavelmente *ligações instáveis*. Embora a quantidade de energia nestas ligações não seja excecionalmente grande, pode ser libertada rápida e facilmente. De certa forma, o ATP é semelhante a um líquido altamente inflamável, como o querosene. Embora um grande tronco possa acabar por produzir mais calor do que um copo de querosene, o querosene é mais fácil de inflamar e fornece calor de forma mais rápida e conveniente. De forma semelhante, as ligações instáveis de "alta energia" do

ATP fornecem à célula energia prontamente disponível para reacções anabólicas. Antes de discutirmos as vias catabólicas, vamos considerar dois aspectos gerais da produção de energia: o conceito de oxidação-redução e os mecanismos de geração de ATP

Reacções de Oxidação-Redução

A oxidação é a remoção de electrões (e -) de um átomo ou molécula, uma reação que frequentemente produz energia. As reacções de oxidação e redução estão sempre associadas; por outras palavras, sempre que uma substância é oxidada, outra é simultaneamente reduzida. O emparelhamento destas reacções é designado por oxidação-redução ou reação redox. Em muitas oxidações celulares, os electrões e os protões (iões de hidrogénio, H+) são removidos ao mesmo tempo; isto é equivalente à remoção de átomos de hidrogénio, porque um átomo de hidrogénio é constituído por um protão e um eletrão. Como a maioria das oxidações biológicas envolve a perda de átomos de hidrogénio, são também designadas por reacções de desidrogenação. Quando o mercúrio é torrado, ganha peso à medida que se forma óxido de mercúrio; chama-se a isto *oxidação e* determinou-se que o mercúrio perde electrões e que o *ganho* de oxigénio observado é um resultado direto desta situação. A oxidação, portanto, é uma *perda* de electrões e a redução é um *ganho* de electrões, mas o ganho e a perda de electrões não são normalmente aparentes, uma vez que as equações de reacções químicas são normalmente escritas. No entanto, o ganho ou perda de electrões realmente responsável por isto não é aparente energia de moléculas de nutrientes. As células recebem nutrientes, alguns dos quais servem como fontes de energia, e degradam-nos de compostos altamente reduzidos (com muitos átomos de hidrogénio) para compostos altamente oxidados. Por exemplo, quando uma célula oxida uma molécula de glicose (cβH 12o 6) em CO_2 e H_2O, a energia na molécula de glicose é removida de forma gradual e, por fim, é capturada pelo ATP, que pode então servir como fonte de energia para reacções que requerem energia. Compostos como a glucose, que têm muitos átomos de hidrogénio, são compostos altamente reduzidos, contendo uma grande quantidade de energia potencial. Assim, a glucose é um nutriente valioso para os organismos.

A produção de ATP

Grande parte da energia libertada durante as reacções de oxidação-redução é retida no interior da célula através da formação de ATP. Especificamente, um grupo fosfato, P, é adicionado ao ADP com a entrada de energia para formar ATP: ADP, Adenosina-P - P+ Energia + P -Adenosina P - P - P. A ligação de alta energia que liga o terceiro 0 contém, de certa forma, a energia armazenada nesta reação. Quando este P é removido, a energia utilizável é libertada. A adição de P a um composto químico é designada por fosforilação. Os organismos utilizam três mecanismos de **fosforilação** para gerar ATP a partir de ADP.

Fosforilação ao nível do substrato

Na fosforilação ao nível do substrato, o ATP é normalmente gerado quando uma energia elevada é transferida diretamente de um composto fosforilado (um substrato) para o ADP. Geralmente, o P adquiriu a sua energia durante uma reação anterior em que o próprio substrato foi oxidado.

Fosforilação oxidativa

Na fosforilação oxidativa, os electrões são transferidos de compostos orgânicos para um grupo de transportadores de electrões (geralmente NAD+ e FAD). Em seguida, os electrões são passados através de uma série de diferentes transportadores de electrões para moléculas de oxigénio (02) ou outras moléculas orgânicas e inorgânicas oxidadas. Este processo ocorre na membrana plasmática dos procariotas e na membrana mitocondrial interna dos eucariotas. A sequência de transportadores de electrões utilizada na fosforilação oxidativa é designada por cadeia de transporte de electrões (sistema). A transferência de electrões de um transportador de electrões para o seguinte liberta energia, parte da qual é utilizada para gerar ATP a partir de ADP através de um processo denominado *quimiosmose.*

Fotofosforilação

O terceiro mecanismo de fosforilação, a fotofosforilação, ocorre apenas nas células fotossintéticas, que contêm pigmentos que captam a luz, como as clorofilas. Na fotossíntese, as moléculas orgânicas, especialmente os açúcares, são sintetizadas com a energia da luz a partir dos blocos de construção pobres em energia, o dióxido de carbono e a água. A fotofosforilação inicia este processo convertendo a energia da luz na energia química do ATP e do NADPH, que, por sua vez, são utilizados para sintetizar moléculas orgânicas. Ai; na fosforilação oxidativa, está envolvida uma cadeia de transporte de electrões.

Vias metabólicas de produção de energia

Os organismos libertam e armazenam energia das moléculas orgânicas através de uma série de reacções controladas e não de uma só vez. Se a energia fosse libertada de uma só vez, sob a forma de uma grande quantidade de calor, não poderia ser prontamente utilizada para impulsionar reacções químicas e poderia, de facto, danificar a célula. Para extrair energia dos compostos orgânicos e armazená-la na forma química, os organismos passam electrões de um composto para outro através de uma série de reacções de oxidação-redução.

Q Como é que os organismos utilizam as reacções de oxidação-redução?

O primeiro passo é a conversão da molécula A em molécula B. A seta curva indica que a redução da coenzima NAO + em NAOH está associada a essa reação; os electrões e os protões provêm da molécula A. Do mesmo modo, as duas setas em P mostram um acoplamento de duas reacções. À medida que C é convertido em D, o ADP é convertido em ATP; a energia necessária provém de C à medida que se transforma em O. A reação que converte 0 em E é facilmente reversível, como indicado pela seta dupla. Na quinta etapa, a seta curva que parte do O2 indica que o O2 é um reagente na reação. As setas curvas que conduzem ao CO_2 e ao H_2O indicam que estas substâncias são produtos secundários produzidos na reação, para além de F, o produto final que (presumivelmente) mais nos interessa. Os produtos secundários, como o CO_2 e o H_2O aqui apresentados, são por vezes designados *por subprodutos* ou *resíduos*. Lembre-se de que quase todas as reacções numa via metabólica são catalisadas por uma enzima específica; por vezes, o nome da enzima está impresso junto à seta.

Catabolismo de hidratos de carbono

A maioria dos microrganismos oxida os hidratos de carbono como fonte primária de energia celular. O catabolismo dos glúcidos, ou seja, a decomposição das moléculas de glúcidos para produzir energia, é, portanto, muito importante no metabolismo celular. A glicose é a fonte de energia mais comum dos hidratos de carbono utilizados pelas células. Os microrganismos podem também catabolizar vários lípidos e proteínas para a produção de energia. Para produzir energia a partir da glucose, os microrganismos utilizam dois processos gerais: a respiração *celular* e a *fermentação*. Tanto a respiração celular como a fermentação começam normalmente com o mesmo primeiro passo, a glicólise, mas seguem vias subsequentes diferentes. Antes de examinarmos os pormenores da glicólise, respiração e fermentação, vamos primeiro analisar uma visão geral dos processos. A respiração da glicose ocorre normalmente em três fases principais: glicólise, ciclo de Krebs e cadeia de transporte de electrões (sistema).

1. A glicólise é a oxidação da glicose em ácido pirúvico com a produção de algum ATP e NADH que contém energia

2. O ciclo de Krebs consiste na oxidação do acetil CoA (um derivado do ácido pirúvico) em dióxido de carbono, com a produção de algum ATP, NADH, que contém energia, e outro transportador de electrões reduzido, $FADH_2$ (a forma reduzida do dinucleótido de flavina adenina).

3. Na cadeia de transporte de electrões (sistema), o NADH e o $FADH_2$ são oxidados, contribuindo com os electrões que transportaram dos substratos para uma "cascata" de reacções de oxidação-redução que envolvem uma série de transportadores de electrões adicionais. A energia destas reacções é utilizada para gerar uma quantidade considerável de ATP. Na respiração, a maior parte do ATP é gerada na terceira etapa.

Uma vez que a respiração envolve uma longa série de reacções de oxidação-redução, todo o processo pode ser considerado como envolvendo um fluxo de electrões da molécula de glicose, rica em energia, para as moléculas de CO_2 e H_2O, relativamente pobres em energia. O acoplamento da produção de ATP a este fluxo é algo análogo à produção de energia eléctrica utilizando a energia de um fluxo de água. Levando a analogia mais longe, pode imaginar um ribeiro a descer um declive suave durante a glicólise e o ciclo de Krebs, fornecendo energia para fazer girar duas rodas de água à moda antiga. Depois, a corrente desce um declive acentuado na cadeia de transporte de electrões, fornecendo energia para uma grande central eléctrica moderna. De uma forma semelhante, a glicólise e o ciclo de Krebs geram uma pequena quantidade de ATP e também fornecem os electrões que geram uma grande quantidade de ATP na fase da cadeia de transporte de electrões. Normalmente, a fase inicial da fermentação é também a glicólise. No entanto, uma vez efectuada a glicólise, o ácido pirúvico é convertido num ou mais produtos diferentes, dependendo do tipo de célula. Estes produtos podem ser o álcool (etanol) e o ácido lático. Ao contrário da respiração, não existe ciclo de Krebs ou cadeia de transporte de electrões na fermentação. Por conseguinte, a produção de ATP, que provém apenas da glicólise, é muito inferior.

Glicólise

A glicólise, a oxidação da glicose em ácido pirúvico, é normalmente a primeira fase do catabolismo dos hidratos de carbono. A maioria dos microrganismos utiliza esta via; de facto, ocorre na maioria das células vivas. A glicólise é também designada por *via de Embden-Meyer*. A palavra *glicólise* significa divisão do açúcar, e é exatamente isso que acontece. As enzimas da glicólise catalisam a divisão da glucose, um açúcar de seis carbonos, em dois açúcares de três carbonos. Estes açúcares são então oxidados, libertando energia, e os seus átomos são rearranjados para formar duas moléculas de ácido pirúvico. Durante a glicólise, o NAD+ é reduzido a NADH e há uma produção líquida de duas moléculas de ATP por fosforilação ao nível do substrato. A glicólise não necessita de oxigénio; pode ocorrer quer o oxigénio esteja presente ou não. Para resumir o processo, a glicólise consiste em duas fases básicas, uma fase preparatória e uma fase de conservação de energia:

1. Em primeiro lugar, na fase preparatória, são utilizadas duas moléculas de ATP, uma vez que uma molécula de glicose de seis carbonos é fosforilada, reestruturada e dividida em dois compostos de três carbonos: gliceraldeído 3-fosfato (GP) e fosfato de di-hidroxiacetona (DHAP). O DHAP é rapidamente convertido em GP. (A conversão do DHAP em GP significa que, a partir deste ponto da glicólise, duas moléculas de GP são introduzidas nas restantes reacções químicas.

2. Na fase de conservação de energia, as duas moléculas de três carbonos são oxidadas em várias etapas em duas moléculas de ácido pirúvico. Nestas reacções, duas moléculas de NAD+ são reduzidas a NADH e quatro moléculas de ATP são formadas por fosforilação ao nível do substrato.

Alternativas à glicólise

Muitas bactérias têm outra via para além da glicólise para a oxidação da glucose. A alternativa mais comum é a via das pentoses fosfato; outra alternativa é a via de Entner-Doudoroff. Na fermentação, o ácido pirúvico e os electrões transportados pelo NADH da glicólise são incorporados nos produtos finais da fermentação.

A via das pentoses fosfato

A via das pentoses fosfato funciona em simultâneo com a glicólise e permite a degradação de açúcares de cinco carbonos (pentoses), bem como da glicose. Uma caraterística fundamental desta via é o facto de produzir pentoses intermédias importantes utilizadas na síntese de (I) ácidos nucleicos, (2) glicose a partir do dióxido de carbono na fotossíntese e (3) determinados aminoácidos. Esta via é um importante produtor da coenzima reduzida NADPH a partir do NADP+. A via das pentoses fosfato produz um ganho líquido de apenas uma molécula de ATP por cada molécula de glucose oxidada. As bactérias que utilizam a via das pentoses fosfato incluem *Bacillus subtilis, E. coli, Leuconostoc mesenteroides e Enterococcus faecalis*

A via de Entner-Ooudoroff

A partir de cada molécula de glucose, a via de Entner-Doudoroff produz duas moléculas de NADPH e uma molécula de ATP para utilização em reacções biossintéticas celulares. As bactérias que possuem as enzimas para a via de Entner-Doudoroff podem metabolizar a glicose sem a glicólise ou a via das pentoses fosfato. A via de Entner-Doudoroff encontra-se em algumas bactérias gram-negativas, incluindo *Rhizobium*, *Pseudomonas* e *Agro bacterium*, mas geralmente não se encontra em bactérias gram-positivas. Os testes para a capacidade de oxidar a glucose por esta via são por vezes utilizados para identificar *Pseudomonas* no laboratório clínico.

Respiração celular

Depois de a glucose ter sido decomposta em ácido pirúvico, este pode ser canalizado para a fase seguinte de fermentação ou de respiração celular. A respiração celular, ou simplesmente respiração, é definida como um processo gerador de ATP no qual as moléculas são oxidadas e o aceitador final de electrões é (quase sempre) uma molécula inorgânica. Uma caraterística essencial da respiração é o funcionamento de uma cadeia de transporte de electrões. Existem dois tipos de respiração, consoante o organismo seja um aeróbio, que utiliza o oxigénio, ou um anaeróbio, que não utiliza o oxigénio e pode mesmo ser morto por ele. Na respiração aeróbia, o aceitador final de electrões é o O2; na respiração anaeróbia, o aceitador final de electrões é uma molécula inorgânica diferente do O2 ou, raramente, uma molécula orgânica.

Respiração aeróbica

O ciclo de Krebs

O ciclo de Krebs, também chamado *ciclo do ácido tricarboxílico (TcA)* ou *ciclo do ácido cítrico*, é uma série de reacções bioquímicas em que a grande quantidade de energia química potencial armazenada no acetil CoA é libertada passo a passo. Neste ciclo, uma série de oxidações e reduções transferem essa energia potencial, sob a forma de electrões, para coenzimas transportadoras de electrões, principalmente NAD+. Os derivados do ácido pirúvico são oxidados; os coenzimas são reduzidos. O ácido pirúvico, produto da glicólise, não pode entrar diretamente no ciclo de Krebs. Numa fase preparatória, tem de perder uma molécula de CO2 e transformar-se num composto de dois carbonos. Este processo é designado por descarboxilação. O composto de dois carbonos, chamado *grupo acetilo*, liga-se à coenzima A através de uma ligação de alta energia; o complexo resultante é conhecido como *acetil coenzima A (acetil CoA)*. Durante esta reação, o ácido pirúvico é também oxidado e o NAD+ é reduzido a NADH. Lembre-se que a oxidação de uma molécula de glicose produz duas moléculas de ácido pirúvico, pelo que, por cada molécula de glicose, são libertadas duas moléculas de CO2 nesta etapa preparatória, são produzidas duas moléculas de NADH e são formadas duas moléculas de acetil CoA. Uma vez que o ácido pirúvico tenha sofrido descarboxilação e o seu derivado (o grupo acetilo) se tenha ligado ao CoA, o acetil CoA resultante está pronto para entrar no ciclo de Krebs.

Quando o acetil-CoA entra no ciclo de Krebs, o CoA separa-se do grupo acetil. O grupo acetil de dois carbonos combina-se com um composto de quatro carbonos chamado ácido oxaloacético para formar o ácido cítrico de seis carbonos. Esta reação de síntese requer energia, que é fornecida pela clivagem da ligação de alta energia entre o grupo acetilo e o CoA. A formação do ácido cítrico é, portanto, a primeira etapa do ciclo de Krebs.

As reacções químicas do ciclo de Krebs dividem-se em várias categorias gerais; uma delas é a descarboxilação. Por exemplo, na etapa EJ, o ácido isocítrico, um composto de seis carbonos, é descarboxilado num composto de cinco carbonos denominado ácido -cetoglutárico. Na etapa 1, ocorre outra descarboxilação. Como ocorreu uma descarboxilação na etapa preparatória e duas no ciclo de Krebs, os três átomos de carbono do ácido pirúvico acabam por ser libertados como CO2 pelo ciclo de Krebs. Isto representa a conversão em CO2 de todos os seis átomos de carbono contidos na molécula de glucose original.

Outra categoria geral de reacções químicas do ciclo de Krebs é a oxidação-redução. Por exemplo, na etapa g , dois átomos de hidrogénio são perdidos durante a conversão do ácido isocítrico de seis carbonos num composto de cinco carbonos. Como o NAD+ recebe dois electrões mas apenas um protão adicional, a sua forma reduzida é representada como NADH; no entanto, o FAD recebe dois átomos de hidrogénio completos e é reduzido a FADH2. Se olharmos para o ciclo de Krebs como um todo, vemos que por cada duas moléculas de acetil CoA que entram no ciclo, quatro moléculas de CO2 são libertadas por descarboxilação, seis moléculas de NADH e duas moléculas de FADH2 são produzidas por reacções de oxidação-redução e duas moléculas de ATP são geradas por fosforilação ao nível do substrato. Muitos dos intermediários do ciclo de Krebs também desempenham um papel noutras vias, especialmente na biossíntese de aminoácidos. O CO2 produzido no ciclo de Krebs acaba por ser libertado para a atmosfera como um subproduto gasoso da respiração aeróbica. (Os seres humanos produzem CO2 a partir do ciclo de Krebs na maioria das células do corpo e libertam-no através dos pulmões durante a expiração). As coenzimas reduzidas NADH e FADH2 são os produtos mais importantes do ciclo de Krebs porque contêm a maior parte da energia originalmente armazenada na glicose. Durante a fase seguinte da respiração, uma série de reduções transfere indiretamente a energia armazenada nessas coenzimas para o ATP. Estas reacções são designadas coletivamente por cadeia de transporte de electrões.

A cadeia de transporte de electrões (sistema) Uma cadeia **de transporte de electrões** (sistema) consiste numa sequência de moléculas transportadoras capazes de oxidação e redução. À medida que os electrões passam através da cadeia, ocorre uma libertação gradual de energia, que é utilizada para impulsionar a produção quimiosmótica de ATP, que será descrita em breve. A oxidaÁ "o final È irreversÌvel. Nas células eucarióticas, a cadeia de transporte de electrões está contida na membrana interna das mitocôndrias; nas células procarióticas, encontra-se na membrana plasmática. Existem três classes de moléculas transportadoras nas cadeias de transporte de electrões. A primeira são as Oavoproteínas. Estas proteínas contêm flavina, uma coenzima derivada da riboflavina, e são capazes de efetuar oxidações e reduções alternadas. Uma importante coenzima da flavina é o mononucleótido de flavina (FMN). A segunda classe de moléculas transportadoras são os citocromos, proteínas que contêm um grupo de ferro (heme) capaz de existir alternadamente numa forma reduzida (FeH) e numa forma oxidada (FeH). Os citocromos envolvidos nas cadeias de transporte de electrões incluem o citocromo *b* (cyt *b*), o citocromo e, (cyt *e,*), o citocromo *e* (cyt *e*), o citocromo *a* (cyt *a*), e o citocromo (/J (cyt *aJ*). A terceira classe é conhecida como ubiquinonas, ou coenzima Q. simbolizada por Q; são pequenos transportadores não proteicos. As cadeias de transporte de electrões das bactérias são algo diversas, na medida em que os transportadores específicos utilizados por uma bactéria e a ordem em que funcionam podem diferir dos de outras bactérias e dos sistemas mitocondriais eucarióticos. Mesmo uma única bactéria pode ter vários tipos de cadeias de transporte de electrões. No entanto, tenha em mente que todas as cadeias de transporte de electrões atingem o mesmo objetivo básico: libertar energia à medida que os electrões são transferidos de compostos de maior energia para compostos de menor energia.

O primeiro passo na cadeia de transporte de electrões mitocondrial envolve a transferência de electrões de alta energia do NADH para o FMN, o primeiro transportador da cadeia. Esta transferência envolve, de facto, a passagem de um átomo de hidrogénio com dois electrões para o FMN, que depois capta um H+ adicional do meio aquoso circundante. Como resultado da primeira transferência, o NADH é oxidado a NAD+ e o FMN é reduzido a FMNH2. No segundo passo da cadeia de transporte de electrões, o FMNHl passa 2H+ para o outro lado da membrana mitocondrial e passa dois electrões para

Recolhe um 2H+ adicional do meio aquoso circundante e liberta-o no outro lado da membrana.

A parte seguinte da cadeia de transporte de electrões envolve os citocromos. Os electrões passam sucessivamente de Q para cyt *b*, cyt *c"* *cyt* c, cyt *a* e cyt *a"*. Cada citocromo da cadeia é reduzido à medida que recebe electrões e é oxidado à medida que cede electrões. O último citocromo, cyt *a* J>, passa os seus electrões para o oxigénio molecular (02), que se torna negativamente carregado e, em seguida, capta protões do meio circundante para formar H20. Repare no FADH2, que é derivado do ciclo de Krebs, como outra fonte de electrões. No entanto, o FADH2 adiciona os seus electrões à cadeia de transporte de electrões a um nível inferior ao do NADH. Por este motivo, a cadeia transportadora de electrões produz cerca de um terço menos energia para a geração de ATP quando o FADH2 doa electrões do que quando o NADH está envolvido. Uma caraterística importante da cadeia de transporte de electrões é a presença de alguns transportadores, como o FMN e o Q, que aceitam e libertam protões, bem como electrões, e outros transportadores, como os citocromos, que transferem apenas electrões. O fluxo de electrões ao longo da cadeia é acompanhado, em vários pontos, pelo transporte ativo (bombeamento) de protões do lado da matriz da membrana mitocondrial interna para o lado oposto da membrana. O resultado é uma acumulação de protões num dos lados da membrana. Tal como a água atrás de uma barragem armazena energia que pode ser utilizada para gerar eletricidade, esta acumulação de protões fornece energia para a produção de ATP através do mecanismo quimiosmótico.

O Mecanismo Quimiosmótico de Geração de **ATP** O mecanismo de síntese de ATP usando a cadeia de transporte de electrões é chamado quimiosmose. Lembre-se que as substâncias se difundem passivamente através das membranas de áreas de alta concentração para áreas de baixa concentração; esta difusão produz energia. Lembre-se também que o movimento de substâncias *contra* esse gradiente de concentração *requer* energia e que, no transporte ativo de moléculas ou iões através das membranas biológicas, a energia necessária é normalmente fornecida pelo ATP. Na quimiosmose, a energia libertada quando uma substância se move ao longo de um gradiente é utilizada para *sintetizar* ATP. A "substância", neste caso, refere-se aos protões. Na respiração, a quimiosmose é responsável pela maior parte do ATP que é gerado. Os passos da quimiosmose são os seguintes;

1. À medida que os electrões energéticos do NADH (ou da clorofila) passam pela cadeia de transporte de electrões, alguns dos transportadores da cadeia bombeiam ativamente protões de transporte através da membrana. Estas moléculas transportadoras são chamadas *bombas de protões*.

2. A membrana de fosfolípidos é normalmente impermeável aos protões, pelo que este bombeamento unidirecional estabelece um gradiente de protões (uma diferença nas concentrações de protões nos dois lados da membrana). Para além de um gradiente de concentração, existe um gradiente de carga eléctrica. O excesso de H+ num lado da membrana torna esse lado positivamente carregado em comparação com o outro lado. O gradiente eletroquímico

resultante tem energia potencial, denominada *força motriz dos protões.*

3. Os protões no lado da membrana com maior concentração de protões só podem difundir-se através da membrana através de canais proteicos especiais que contêm uma enzima chamada *ATP sintase.* Quando este fluxo ocorre, é libertada energia que é utilizada pela enzima para sintetizar ATP a partir de ADP e Pi.

4. Os electrões energéticos do NADH passam pelas cadeias de transporte de electrões. Dentro da membrana mitocondrial interna, os transportadores da cadeia de transporte de electrões estão organizados em três complexos, com Q a transportar electrões entre o primeiro e o segundo complexos e cyt c a transportá-los entre o segundo e o terceiro complexos. e Três componentes do sistema bombeiam protões: o primeiro e o terceiro complexos e Q. No final da cadeia, os electrões juntam-se aos protões e ao oxigénio (O_2) no fluido da matriz para formar água ($\frac{1}{2}O$). Assim, o O_2 é o aceitador final de electrões.

Tanto as células procarióticas como as eucarióticas utilizam o mecanismo quimiosmótico para gerar energia para a produção de ATP. No entanto, nas células eucarióticas, e a membrana mitocondrial interna contém os transportadores de electrões e a AIP sintase, enquanto que na maioria das células procarióticas, é a membrana plasmática que o faz. Uma cadeia de transporte de electrões também opera na fotofosforilação e está localizada na membrana tilacoide das cianobactérias e dos cloroplastos eucarióticos.

Resumo da respiração aeróbica A cadeia de transporte de electrões regenera o NAD+ e o FAD, que podem ser utilizados novamente na glicólise e no ciclo de Krebs. As várias transferências de electrões na cadeia de transporte de electrões geram cerca de 34 moléculas de AIP a partir de cada molécula de glicose oxidada: aproximadamente três a partir de cada uma das dez moléculas de NADH (um total de 30), e aproximadamente duas a partir de cada uma das duas moléculas de FADH2 (um total de quatro). Para chegar ao número total de moléculas de AIP geradas por cada molécula de glicose, as 34 da quimiosmose são adicionadas às geradas pela oxidação na glicólise e no ciclo de Krebs. Na respiração aeróbica dos procariotas, um total de 38 moléculas de AIP pode ser gerado a partir de uma molécula de glicose. Note que quatro desses AIPs provêm da fosforilação ao nível do substrato na glicólise e no ciclo de Krebs. A Tabela 5.3 apresenta uma descrição detalhada da produção de ATP durante a respiração aeróbica procariótica.

A respiração aeróbica nos eucariotas produz um total de apenas 36 moléculas de ATP. Há menos ATP do que nos procariotas porque se perde alguma energia quando os electrões são transportados através das membranas mitocondriais que separam a glicólise (no citoplasma) da cadeia de transporte de electrões. Essa separação não existe nos procariotas.

Respiração anaeróbica

Na respiração anaeróbia, o aceitador final de electrões é uma substância inorgânica diferente do oxigénio (O_2). Algumas bactérias, como a *Pseudomonas* e a *Bacillus*, podem utilizar um ião nitrato (NO^{3-}) como aceitador final de electrões; o ião nitrato é reduzido a um ião nitrito (NO^{2-}, óxido nitroso (N_2O) ou azoto gasoso (N_2) . Outras bactérias, como a *Desulfovibrio*, utilizam o sulfato como acetor final de electrões para formar sulfureto de hidrogénio (H_2S). Outras bactérias ainda utilizam o carbonato para formar metano (CH4). A respiração anaeróbia por bactérias que utilizam nitrato e sulfato como aceptores finais é essencial para os ciclos do azoto e do enxofre que ocorrem na natureza. A quantidade de ATP gerada na respiração anaeróbica varia consoante o organismo e a via. Uma vez que apenas parte do ciclo de Krebs funciona em condições anaeróbias e que nem todos os transportadores da cadeia de transporte de electrões participam na respiração anaeróbia, a produção de ATP nunca é tão elevada como na respiração aeróbia. Por conseguinte, os anaeróbios tendem a crescer mais lentamente do que os aeróbios.

Fermentação

Após a decomposição da glicose em ácido pirúvico, o ácido pirúvico pode ser completamente decomposto na respiração, como descrito anteriormente, ou pode ser convertido num produto orgânico na fermentação, após o que o NAO+ e o NAOP+ são regenerados e podem entrar numa nova ronda de glicólise. A fermentação pode ser definida de várias formas, mas nós definimo-la aqui como um processo que

1. Liberta energia a partir de açúcares ou de outras moléculas orgânicas, tais como aminoácidos, ácidos orgânicos, purinas e pirimidinas;
2. Não necessita de oxigénio (mas por vezes pode ocorrer na sua presença);
3. Não requer a utilização do ciclo de Krebs ou de uma cadeia de transporte de electrões;
4. utiliza uma molécula orgânica como acetor final de electrões;
5. Produz apenas pequenas quantidades de ATP (apenas uma ou duas moléculas de ATP por cada molécula de material inicial) porque grande parte da energia original da glucose permanece nas ligações químicas dos produtos finais orgânicos, como o ácido lático ou o etanol.

Durante a fermentação, os electrões são transferidos (juntamente com os protões) das coenzimas reduzidas (NADH, NADPH) para o ácido pirúvico ou seus derivados. Estes aceptores finais de electrões são reduzidos aos produtos finais. Uma função essencial da segunda fase da fermentação é assegurar um fornecimento constante de NAD+ e NADP+ para que a glicólise possa continuar. Na fermentação, o ATP é gerado apenas durante a glicólise. Os microrganismos podem fermentar vários substratos; os produtos finais dependem do microrganismo em particular, do substrato e das enzimas que estão presentes e activas. As análises químicas destes produtos finais são úteis para identificar os microrganismos. De seguida, consideramos dois dos processos mais importantes: a fermentação do ácido lático e a fermentação do álcool.

Sistema portuário de fermentação de ácido lático,

Durante a glicólise, que é a primeira fase da fermentação do ácido lático, uma molécula de glucose é oxidada em duas moléculas de ácido pirúvico; esta oxidação gera a energia que é utilizada para formar as duas moléculas de ATP. Na etapa seguinte, as duas moléculas de ácido pirúvico são reduzidas por duas moléculas de NADH para formar duas moléculas de ácido lático. Como o ácido lático é o produto final da reação, não sofre qualquer outra oxidação e a maior parte da energia produzida pela reação permanece armazenada no ácido lático. Assim, esta fermentação produz apenas uma pequena quantidade de energia. Dois géneros importantes de bactérias do ácido lático são *Streptococcus* e *Lactobacillus*. Como estes micróbios produzem apenas ácido lático, são designados por homolácticos

Fermentação do ácido lático

Pode provocar a deterioração dos alimentos. No entanto, o processo também pode produzir iogurte a partir do leite, chucrute a partir de couve fresca e pickles a partir de pepinos.

Fermentação alcoólica

A fermentação alcoólica também começa com a glicólise de uma molécula de glucose para produzir duas moléculas de ácido pirúvico e duas moléculas de ATP. Na reação seguinte, as duas moléculas de ácido pirúvico são convertidas em duas moléculas de acetaldeído e duas moléculas de CO2. As duas moléculas de acetaldeído são seguidamente reduzidas por duas moléculas de NADH para formar duas moléculas de etanol. Mais uma vez, a fermentação alcoólica é um processo de baixo rendimento energético porque a maior parte da energia contida na molécula inicial de glucose permanece no etanol, o produto final. A fermentação alcoólica é efectuada por uma série de bactérias e leveduras. O etanol e o dióxido de carbono produzidos pela levedura *Saccharomyces* são produtos residuais para as células de levedura, mas são úteis para os seres humanos. O etanol produzido pelas leveduras é o álcool das bebidas alcoólicas, e o dióxido de carbono produzido pelas leveduras faz com que a massa do pão cresça. Os organismos que produzem ácido lático, bem como outros ácidos ou álcoois, são conhecidos como heterolácticos e utilizam frequentemente a via das pentoses fosfato.

Catabolismo dos lípidos e das proteínas

A nossa discussão sobre a produção de energia deu ênfase à oxidação da glicose, o principal hidrato de carbono que fornece energia. No entanto, os micróbios também oxidam lípidos e proteínas, e as oxidações de todos estes nutrientes estão relacionadas. Lembre-se que as gorduras são lípidos constituídos por ácidos gordos e glicerol.

Os micróbios produzem enzimas extracelulares chamadas *lipases* que decompõem as gorduras nos seus componentes de ácidos gordos e glicerol. Cada componente é depois metabolizado separadamente. O ciclo de Krebs funciona na oxidação do glicerol e dos ácidos gordos. Muitas bactérias que hidrolisam ácidos gordos podem utilizar as mesmas enzimas para degradar produtos petrolíferos. Embora estas bactérias sejam um incómodo quando crescem num tanque de armazenamento de combustível, são benéficas quando crescem em derrames de petróleo.

As proteínas são demasiado grandes para passarem sem ajuda através das membranas plasmáticas. Os micróbios produzem *proteases* e *peptidases* extracelulares, enzimas que decompõem as proteínas nos seus aminoácidos componentes, que podem atravessar as membranas. No entanto, antes que os aminoácidos possam ser catabolizados, eles devem ser enzimaticamente convertidos em outras substâncias que podem entrar no ciclo de Krebs. Numa dessas conversões, denominada desaminação, o grupo amino de um aminoácido é removido e convertido num ião de amónio ($NH4+$), que pode ser excretado da célula. O ácido orgânico restante pode entrar no ciclo de Krebs. Outras conversões envolvem descarboxilação (a remoção de - COOH) e desidrogenação.

7.1.   Vias metabólicas de utilização de energia

Até agora, temos estado a considerar a produção de energia. Através da oxidação de moléculas orgânicas, os organismos produzem energia por respiração aeróbica, respiração anaeróbica e fermentação. Grande parte desta energia é libertada sob a forma de calor. A oxidação metabólica completa da glucose em dióxido de carbono e água é considerada um processo muito eficiente, mas cerca de 45% da energia da glucose perde-se sob a forma de calor. As células utilizam a energia restante, que está presa nas ligações do ATP, de várias formas. A maior parte do ATP, no entanto, é utilizada na produção de novos componentes celulares. Esta produção é um processo contínuo nas células e, em geral, é mais rápida nas células procarióticas do que nas células eucarióticas. Os autótrofos produzem os seus compostos orgânicos através da fixação do dióxido de carbono no ciclo de Calvin-Benson. Isto requer energia (ATP) e electrões (da oxidação do

NADPH). Os heterótrofos, pelo contrário, devem ter uma fonte pronta de compostos orgânicos para a biossíntese - a produção dos componentes celulares necessários, geralmente a partir de moléculas mais simples. As células utilizam estes compostos tanto como fonte de carbono como de energia.

Biossíntese de polissacáridos

Os microrganismos sintetizam açúcares e polissacáridos. Os átomos de carbono necessários para sintetizar a glicose provêm dos intermediários produzidos durante processos como a glicólise e o ciclo de Krebs e de lípidos ou aminoácidos. Depois de sintetizarem a glicose (ou outros açúcares simples), as bactérias podem transformá-la em polissacáridos mais complexos, como o glicogénio. Para as bactérias transformarem a glicose em glicogénio, as unidades de glicose têm de ser fosforiladas e ligadas. O produto da fosforilação da glucose é a glucose 6-fosfato. Este processo envolve o gasto de energia, geralmente sob a forma de ATP. Para que as bactérias sintetizem glicogénio, uma molécula de ATP é adicionada à glicose 6-fosfato para formar *glicose adenosina difosfato (ADPG)*.

Biossíntese de lípidos

Uma vez que os lípidos variam consideravelmente em termos de composição química, são sintetizados por uma variedade de vias. As células sintetizam as gorduras através da junção de glicerol e ácidos gordos. A porção de glicerol da gordura é derivada do fosfato de dihidroxiacetona, um intermediário formado durante a glicólise. Os ácidos gordos, que são hidrocarbonetos de cadeia longa (hidrogénio ligado ao carbono), são formados quando fragmentos de dois carbonos de acetil CoA são sucessivamente adicionados uns aos outros. Tal como na síntese dos polissacáridos, as unidades de construção das gorduras e de outros lípidos são ligadas através de reacções de síntese de desidratação que requerem energia, nem sempre sob a forma de ATP. O papel mais importante dos lípidos é servir como componentes estruturais das membranas biológicas, e a maioria dos lípidos das membranas são fosfolípidos. Um lípido com uma estrutura muito diferente, o colesterol, também se encontra nas membranas plasmáticas das células eucarióticas. As ceras são lípidos que constituem componentes importantes da parede celular das bactérias ácido-resistentes. Outros lípidos, como os carotenóides, fornecem os pigmentos vermelho, laranja e amarelo de alguns microrganismos. Alguns lípidos formam os iões de porta das moléculas de clorofila. Os lípidos também funcionam no armazenamento de energia. Lembre-se que os produtos de degradação dos lípidos após a oxidação biológica alimentam o ciclo de Krebs.

Biossíntese de aminoácidos e proteínas

Os aminoácidos são necessários para a biossíntese de proteínas. Alguns micróbios, como a *E. coli,* contêm as enzimas necessárias para utilizar materiais de partida, como a glucose e os sais inorgânicos, para a síntese de todos os aminoácidos de que necessitam. Os organismos com as enzimas necessárias podem sintetizar todos os aminoácidos direta ou indiretamente a partir de intermediários do metabolismo dos hidratos de carbono. Outros micróbios requerem que o ambiente forneça alguns aminoácidos pré-formados. Uma fonte importante de *precursores* (intermediários) utilizados na síntese de aminoácidos é o ciclo de Krebs. A adição de um grupo amina ao ácido pirúvico ou a um ácido orgânico apropriado do ciclo de Krebs converte o ácido num aminoácido. A maior parte dos aminoácidos presentes nas células destinam-se a ser blocos de construção para a síntese de proteínas. As proteínas desempenham papéis importantes na célula como enzimas, componentes estruturais e toxinas, para citar apenas alguns usos. A união de aminoácidos para formar proteínas envolve a síntese de desidratação e requer energia sob a forma de ATP.

Biossíntese de purinas e pirimidinas

Recorde-se do Capítulo 2 que as moléculas informativas de ADN e ARN consistem em unidades repetitivas denominadas *nucleótidos,* cada uma das quais é constituída por uma purina ou pirimidina, uma pentose (açúcar de cinco carbonos) e um grupo fosfato. Os açúcares de cinco carbonos dos nucleótidos são derivados da via das pentoses fosfato ou da via de Entner-Doudoroff. Certos aminoácidos - ácido aspártico, glicina e glutamina - produzidos a partir de intermediários produzidos durante a glicólise e no ciclo de Krebs, participam na biossíntese das purinas e das pirimidinas. Os átomos de carbono e de azoto derivados destes aminoácidos formam os anéis de purina e de pirimidina e a energia para a síntese é fornecida pelo ATP. O ADN contém 311 informações necessárias para determinar as estruturas e funções específicas das células. Tanto o ARN como o ADN são necessários para a síntese de proteínas. Para além disso, nucleótidos como o ATP, o NAD+ e o NADP+ desempenham papéis na estimulação e inibição da taxa de metabolismo celular.

A Integração do Metabolismo

Vimos até agora que os processos metabólicos dos micróbios produzem energia a partir da luz, de compostos inorgânicos e de compostos orgânicos. Também ocorrem reacções em que a energia é utilizada para a biossíntese. Com uma tal variedade de atividade, pode imaginar que as reacções anabólicas e catabólicas ocorrem independentemente umas das outras no espaço e no tempo. Na verdade, as reacções anabólicas e catabólicas estão unidas através de um grupo de intermediários comuns. Tanto as reacções anabólicas como as catabólicas partilham também algumas vias metabólicas, como o ciclo de Krebs. Por exemplo, as reacções do ciclo de Krebs não só participam na oxidação da glicose como também produzem intermediários que podem ser convertidos em aminoácidos. As vias metabólicas que funcionam tanto no anabolismo como no catabolismo são chamadas vias anfibólicas, o que significa que têm uma dupla finalidade.

As vias anfibólicas ligam as reacções que conduzem à decomposição e síntese de hidratos de carbono, lípidos, proteínas e nucleótidos. Estas vias permitem a ocorrência de reacções simultâneas em que o produto de degradação formado numa reação é utilizado noutra reação para sintetizar um composto diferente e vice-versa. Como vários intermediários são comuns às reacções anabólicas e catebólicas, existem mecanismos que regulam as vias de síntese e de degradação e permitem que estas reacções ocorram simultaneamente. Um desses mecanismos envolve o uso de coenzimas diferentes para vias opostas. Por exemplo. O NAD+ está envolvido em reacções catabólicas, enquanto o NADP+ está envolvido em reacções anabólicas. As enzimas também podem coordenar reacções anabólicas e catabólicas, acelerando ou inibindo as velocidades das reacções bioquímicas. As reservas de energia de uma célula também podem afetar as velocidades das reacções bioquímicas. Por exemplo, se o ATP começa a acumular-se, uma enzima desliga a glicólise; este controlo ajuda a sincronizar as taxas da glicólise e do ciclo de Krebs. Assim, se o consumo de ácido cítrico aumenta, quer devido a uma procura de mais ATP, quer porque as vias anabólicas estão a drenar os intermediários do ciclo do ácido cítrico, a glicólise acelera e satisfaz a procura.

Questões de revisão

1. Explique por que razão, mesmo em condições ideais, *o Streptococcus* cresce lentamente.

2. O gráfico seguinte mostra a velocidade normal de reação de uma enzima e do seu substrato (azul) e a velocidade quando está presente um excesso de inibidor competitivo (vermelho). Explique porque é que o gráfico

aparece assim.

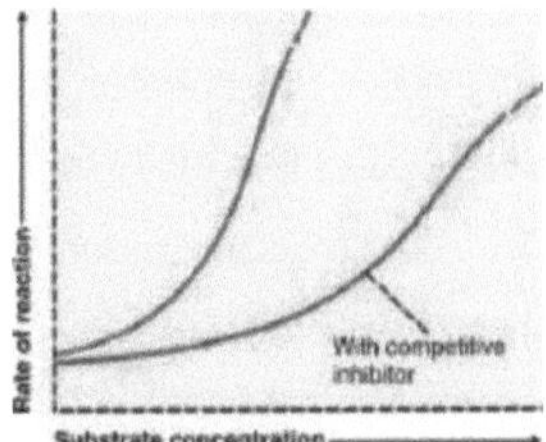

3. Compare e contraste o catabolismo de hidratos de carbono e a produção de energia nas seguintes bactérias:

a. *Pseudomonas,* um quimioheterotrófico aeróbio

b. *Spirillilla,* um fotoautotrófico oxigenado

c. *Ectothiorhodospim,* um fotoautotrófico anoxigénico

4. Que quantidade de ATP pode ser obtida a partir da oxidação completa de uma molécula de glucose? De uma molécula de gordura de manteiga contendo um glicerol e três cadeias de 12 carbonos?

5. O *quimioautotrófico Thiobaciilus* pode obter energia a partir da oxidação do arsénio. Como é que esta reação fornece energia? Como é que esta bactéria pode ser utilizada pelo homem?

8. Vírus

Os vírus são demasiado pequenos para serem vistos com um microscópio de luz e não podem ser cultivados fora dos seus hospedeiros. Por conseguinte, embora as doenças virais não sejam novas, os próprios vírus não puderam ser estudados até ao século XX. Em 1886, o químico neerlandês Adolf Mayer demonstrou que a doença do mosaico do tabaco (lMO) era transmissível de uma planta doente para uma planta saudável. Em 1892, numa tentativa de isolar a causa da DTM, o bacteriologista russo Dimitri Iwanowski filtrou a seiva de plantas doentes através de um filtro de porcelana concebido para reter bactérias. Esperava encontrar o micróbio preso no filtro: em vez disso, verificou que o agente infeccioso tinha passado através dos poros minúsculos do filtro. Quando infectou plantas saudáveis com o líquido filtrado, estas contraíram DTM. A primeira doença humana associada a um agente filtrável foi a febre amarela. Os avanços nas técnicas de biologia molecular nas décadas de 1980 e 1990 levaram ao reconhecimento de vários novos vírus, incluindo o vírus da imunodeficiência humana (VIH) e o coronavírus associado à SRA. O vírus da paralisia aguda israelita tornou-se uma preocupação nacional em 2006, quando matou até 90% das abelhas polinizadoras em algumas colmeias dos EUA. Este novo vírus foi observado pela primeira vez em abelhas em Israel em 2002 e parece ter estado nos Estados Unidos desde então. Doenças humanas causadas por estes vírus.

8.1. Características gerais dos vírus

Há cem anos, os investigadores não conseguiam imaginar partículas submicroscópicas e, por isso, descreviam o agente infeccioso como *contagium vivum juidum - uma* gripe contagiosa. Na década de 1930, os cientistas começaram a usar a palavra *vírus*, a palavra latina para veneno, para descrever estes agentes filtráveis. No entanto, a natureza dos vírus permaneceu indefinida até 1935, quando Wendell Stanley, um químico americano, isolou o vírus do mosaico do tabaco, tornando possível, pela primeira vez, efetuar estudos químicos e estruturais num vírus purificado. Mais ou menos na mesma altura, a invenção do microscópio eletrónico tornou possível a visualização dos vírus.

A questão de saber se os vírus são organismos vivos tem uma resposta ambígua. A vida pode ser definida como um conjunto complexo de processos resultantes da ação de proteínas especificadas por ácidos nucleicos. Os ácidos nucleicos das células vivas estão sempre em ação. Como os vírus são inertes fora das células hospedeiras vivas, neste sentido não são considerados organismos vivos. No entanto, quando os vírus entram numa célula hospedeira, os ácidos nucleicos virais tornam-se activos e resulta a multiplicação viral. Neste sentido, os vírus estão vivos quando se multiplicam nas células hospedeiras que infectam. De um ponto de vista clínico, os vírus podem ser considerados vivos porque causam infecções e doenças, tal como as bactérias, os fungos e os protozoários patogénicos. Dependendo do ponto de vista de cada um, um vírus pode ser considerado como um agregado excecionalmente complexo de substâncias químicas não vivas ou como um microrganismo vivo excecionalmente simples.

Como é que definimos, então, um *vírus*? Os vírus foram originalmente distinguidos de outros agentes infecciosos porque são especialmente pequenos (filtráveis) e porque são parasitas intracelulares obrigatórios-isto é, necessitam absolutamente de células hospedeiras vivas para se multiplicarem. No entanto, estas duas propriedades são partilhadas por certas bactérias pequenas, como algumas rickettsias. Atualmente, sabe-se que as características verdadeiramente distintivas dos vírus estão relacionadas com a sua organização estrutural simples e com o seu mecanismo de multiplicação. Assim, os vírus são entidades que

- Contêm um único tipo de ácido nucleico, ADN ou ARN.
- Contêm um revestimento proteico (por vezes ele próprio rodeado por um envelope de lípidos, proteínas e hidratos de carbono) que envolve o ácido nucleico.
- Multiplicam-se no interior das células vivas, utilizando a maquinaria de síntese da célula.
- Causa a síntese de estruturas especializadas que podem transferir o ácido nucleico viral para outras células.

Os vírus têm poucas ou nenhumas enzimas próprias para o metabolismo; por exemplo, não têm enzimas para a síntese de proteínas e para a produção de ATP. Para se multiplicarem, os vírus têm de assumir o controlo da maquinaria metabólica da célula hospedeira. Este facto tem um significado médico considerável para o desenvolvimento de medicamentos antivirais, porque a maioria dos medicamentos que interferem com a multiplicação viral também interferem com o funcionamento da célula hospedeira e, por conseguinte, são demasiado tóxicos para utilização clínica.

Gama de anfitriões

A gama de hospedeiros de um vírus é o espetro de células hospedeiras que o vírus pode infetar. Existem vírus que infectam invertebrados, vertebrados, plantas, protistas, fungos e bactérias. No entanto, a maioria dos vírus é capaz de infetar tipos específicos de células de apenas uma espécie de hospedeiro. Em casos raros, os vírus atravessam a barreira da gama de hospedeiros, expandindo assim a sua gama de hospedeiros. Os vírus que infectam bactérias são chamados bacteriófagos ou fagos. A gama específica de hospedeiros de um vírus é determinada pelos requisitos do vírus para a sua ligação específica à célula hospedeira e pela disponibilidade, no hospedeiro potencial, dos factores celulares necessários para a multiplicação viral. Para que o vírus infecte a célula hospedeira, a superfície externa do vírus deve interagir quimicamente com sítios receptores específicos na superfície da célula. Os dois componentes complementares são mantidos juntos por ligações fracas, como as ligações de hidrogénio. A combinação de muitas ligações e locais receptores leva a uma forte associação entre a célula hospedeira e o vírus. Para alguns bacteriófagos, o local recetor faz parte da parede celular do hospedeiro; noutros casos, faz parte das fímbrias ou dos flagelos. No caso dos vírus animais, os locais receptores encontram-se nas membranas plasmáticas das células hospedeiras.

O potencial de utilização de vírus no tratamento de doenças é intrigante devido à sua reduzida gama de hospedeiros e à sua capacidade de matar as células hospedeiras. A ideia da terapia com fagos - utilização de bacteriófagos para tratar infecções bacterianas - existe há 100 anos. Avanços recentes na nossa compreensão das interacções vírus-hospedeiro alimentaram novos estudos no domínio da terapia com fagos. As infecções virais induzidas experimentalmente em doentes com cancro durante a década de 1920 sugeriram que os vírus poderiam ter atividade antitumoral. Estes vírus destruidores de tumores ou *oligolíticos* podem infetar e matar seletivamente as células tumorais ou provocar uma resposta imunitária contra as células tumorais. Alguns vírus infectam naturalmente as células tumorais e outros vírus podem ser geneticamente modificados para infetar as células tumorais. Atualmente, estão em curso vários estudos para determinar o mecanismo de morte dos vírus oncolíticos e a segurança da utilização da terapia viral.

Tamanho viral

Os tamanhos dos vírus são determinados com a ajuda de microscopia eletrónica. Os diferentes vírus variam consideravelmente em tamanho. Embora a maioria seja bastante mais pequena do que as bactérias, alguns dos vírus maiores (como o vírus da vacina) têm aproximadamente o mesmo tamanho que algumas bactérias muito pequenas (como os micoplasmas, as rickettsias e a Chlamydia). Os vírus variam de 20 a 1000 nm de comprimento.

Estrutura viral

Um virião é uma partícula viral infecciosa completa, totalmente desenvolvida, composta por ácido nucleico e rodeada por um revestimento proteico que a protege do ambiente e é um veículo de transmissão de uma célula hospedeira para outra. Os vírus são classificados de acordo com as diferenças nas estruturas destes revestimentos.

Ácido nucleico

Ao contrário das células procarióticas e eucarióticas, nas quais o ADN é sempre o material genético primário (e o ARN desempenha um papel auxiliar), um vírus pode ter ADN ou ARN - mas nunca ambos. O ácido nucleico de um vírus pode ser de cadeia simples ou dupla. Assim, existem vírus com o conhecido ADN de cadeia dupla, com ADN de cadeia simples, com ARN de cadeia dupla e com ARN de cadeia simples. Dependendo do vírus, o ácido nucleico encontra-se em vários segmentos separados. A percentagem de ácido nucleico em relação à proteína é de cerca de 1 % para o vírus da gripe e cerca de 50% para certos bacteriófagos. A quantidade total de ácido nucleico varia entre alguns milhares de nucleótidos (ou pares) e até 250.000 nucleótidos.

(O cromossoma *da E. coli* é constituído por cerca de 4 milhões de pares de nucleótidos).

Capsídeo e Envelope

O ácido nucleico de um vírus é protegido por uma capa proteica denominada capsídeo. A estrutura do capsídeo é, em última análise, determinada pelo ácido nucleico viral e é responsável pela maior parte da massa de um vírus, especialmente dos pequenos. Cada capsídeo é composto por subunidades proteicas denominadas capsómeros. Em alguns vírus, as proteínas que compõem os capsómeros são de um único tipo; noutros vírus, podem estar presentes vários tipos de proteínas. Os capsómeros individuais são frequentemente visíveis nas micrografias electrónicas. A disposição dos capsómeros é caraterística de um determinado tipo de vírus. Em alguns vírus, o capsídeo é coberto por um envelope, que geralmente consiste numa combinação de lípidos, proteínas e hidratos de carbono. Alguns vírus animais são libertados da célula hospedeira por um processo de extrusão que reveste o vírus com uma camada da membrana plasmática da célula hospedeira; essa camada torna-se o envelope viral. Em muitos casos, o envelope contém proteínas determinadas pelo ácido nucleico viral e materiais derivados de componentes normais da célula hospedeira.

Dependendo do vírus, os envelopes podem não estar cobertos por espículas, que são complexos de hidratos de carbono e proteínas que se projectam da superfície do envelope. Alguns vírus fixam-se às células hospedeiras por meio de espículas. As espículas são uma caraterística tão fiável de alguns vírus que podem ser utilizadas como meio de identificação. A capacidade de certos vírus, como o vírus da gripe, de se aglomerarem nos glóbulos vermelhos está associada a espículas. Estes vírus ligam-se aos glóbulos vermelhos e formam pontes entre eles. Os vírus cujo capsídeo não está coberto por um envelope são conhecidos como vírus não envelopados. O capsídeo de um vírus não envelopado protege o ácido nucleico das enzimas nuclease dos fluidos biológicos e promove a ligação do vírus às células hospedeiras susceptíveis. Quando o hospedeiro é infetado por um vírus, o seu sistema imunitário é estimulado a produzir anticorpos (proteínas que reagem com as proteínas de superfície do vírus). Esta interação entre os anticorpos do hospedeiro e as proteínas do vírus deveria inativar o vírus e parar a infeção. No entanto, alguns vírus conseguem escapar aos anticorpos porque as regiões dos genes que codificam as proteínas de superfície destes vírus são susceptíveis de sofrer mutações. A descendência dos vírus mutantes tem proteínas de superfície alteradas, de tal forma que os anticorpos não são capazes de reagir com elas. O vírus da gripe sofre frequentemente estas alterações nos seus picos. É por isso que pode apanhar gripe mais do que uma vez. Embora possa ter produzido anticorpos contra um vírus da gripe, o vírus pode sofrer mutações e infetar

Morfologia geral

Os vírus podem ser classificados em vários tipos morfológicos diferentes com base na arquitetura do seu capsídeo. A estrutura destes capsídeos foi revelada por microscopia eletrónica e por uma técnica chamada cristalografia de raios X.

Vírus helicoidais

Os vírus helicoidais assemelham-se a hastes longas que podem ser rígidas ou flexíveis. O ácido nucleico viral encontra-se no interior de um capsídeo oco e cilíndrico com uma estrutura helicoidal. Os vírus que causam a raiva e a febre hemorrágica do Ébola são vírus helicoidais.

Vírus poliédricos

Muitos vírus animais, vegetais e bacterianos são vírus poliédricos, ou de muitas faces. O capsídeo da maioria dos vírus poliédricos tem a forma de um icosaedro, um poliedro regular com 20 faces triangulares e 12 vértices, e os capsómeros de cada face formam um triângulo equilátero. Um exemplo de um vírus poliédrico com a forma de um icosaedro é o adenovírus. Outro vírus icosaédrico é o poliovírus.

Vírus envelopados

Como já foi referido, o capsídeo de alguns vírus é coberto por um envelope. Os vírus com envelope são mais ou menos esféricos. Quando os vírus helicoidais ou poliédricos estão envolvidos por um envelope, são designados por

vírus helicoidais com envelope ou *vírus poliédricos com envelope*. Um exemplo de um vírus helicoidal com envelope é o vírus da gripe. Um exemplo de um vírus poliédrico com envelope (icosaédrico) é o vírus do herpes simplex.

Vírus complexos

Alguns vírus, nomeadamente os vírus bacterianos, têm estruturas complicadas e são designados por vírus complexos. Um exemplo de um vírus complexo é um bacteriófago. Alguns bacteriófagos têm capsídeos aos quais estão ligadas estruturas adicionais. Nesta figura, observe que o capsídeo (cabeça) é poliédrico e que a bainha da cauda é helicoidal. A cabeça contém o ácido nucleico. Mais adiante neste capítulo, discutiremos as funções das outras estruturas, como a bainha da cauda, as fibras da cauda, a placa e o pino. Outro exemplo de vírus complexos são os poxvírus, que não contêm capsídeos claramente identificáveis, mas têm vários revestimentos em torno do ácido nucleico.

Perguntas de revisão

1. Explique as características gerais dos vírus
2. Porque é que as virtudes são diferentes dos outros seres vivos

3.   Descreva a replicação viral

9. Fungos

Nos últimos 10 anos, a incidência de infecções fúngicas graves tem vindo a aumentar. Estas infecções estão a ocorrer como infecções nosocomiais e em pessoas com sistemas imunitários comprometidos. Além disso, milhares de doenças fúngicas afectam plantas economicamente importantes, custando mais de mil milhões de dólares por ano. Os fungos são também benéficos. São importantes na cadeia alimentar porque decompõem a matéria vegetal morta, reciclando assim elementos vitais. Através da utilização de enzimas extracelulares, como as celuloses, os fungos são os principais decompositores das partes duras das plantas, que não podem ser digeridas pelos animais. Quase todas as plantas dependem de fungos simbióticos, conhecidos como micorrizas, que ajudam as suas raízes a absorver os minerais e a água do solo. Os fungos também são valiosos para os animais. As formigas cultivadoras de fungos cultivam fungos que decompõem a celulose e a lenhina das plantas, fornecendo glucose que as formigas podem depois digerir. Os fungos são utilizados pelos seres humanos como alimento (cogumelos) e para produzir alimentos (pão e ácido cítrico) e medicamentos (álcool e penicilina). Das mais de 100.000 espécies de fungos, apenas cerca de 200 são patogénicas para o homem e para os animais. O estudo dos fungos é designado por micologia. Primeiro, veremos as estruturas que são a base da identificação de fungos num laboratório clínico e, em seguida, exploraremos os seus ciclos de vida. Recorde-se do Capítulo \0 que um agente patogénico deve ser identificado para tratar adequadamente uma doença e evitar a sua propagação. Examinaremos também as necessidades nutricionais. Todos os fungos são quimioheterotróficos, necessitando de compostos orgânicos para obter energia e carbono. Os fungos s\343o aer\363bios ou facultativamente anaer\363bios; s\343o conhecidos poucos fungos anaer\363bios.

Características dos fungos

A identificação de leveduras, tal como a identificação de bactérias, envolve testes bioquímicos. No entanto, os fungos multicelulares são identificados com base no aspeto físico, incluindo as características das colónias e os esporos reprodutivos.

Estruturas vegetais

As colónias de fungos são descritas como estruturas vegetativas porque são compostas por células envolvidas no catabolismo e no crescimento. O talo (corpo) de um fungo bolorento ou carnudo é constituído por longos filamentos de células unidas entre si; estes filamentos são designados por hifas (singular: hypha). As hifas podem atingir proporções imensas. Na maioria dos bolores, as hifas contêm paredes transversais chamadas septos (singular: *spew)*, que as dividem em unidades celulares distintas e uninucleadas (um só núcleo). Essas hifas são chamadas de hifas septadas. Em algumas classes de fungos, as hifas não contêm septos e aparecem como células longas e contínuas com muitos núcleos. Estas são chamadas de hifas coenocíticas. Mesmo em fungos com hifas septadas, geralmente há aberturas nos septos que tornam o citoplasma das "células" adjacentes contínuo; esses fungos também são organismos coenocíticos.

As hifas crescem alongando-se nas pontas. Cada parte de uma hifa é capaz de crescer e, quando um fragmento se rompe, pode alongar-se para formar uma nova hifa. No laboratório, os fungos são geralmente cultivados a partir de fragmentos obtidos de um talo fúngico. A porção de uma hifa que obtém nutrientes é chamada de *hifa vegetativa;* a porção relacionada à reprodução é a *hifa reprodutiva* ou *aérea,* assim chamada porque se projeta acima da superfície do meio no qual o fungo está crescendo. As hifas aéreas frequentemente carregam esporos reprodutivos, discutidos mais tarde.

Quando as condições ambientais são adequadas, as hifas crescem e formam uma massa filamentosa chamada micélio, que é visível a olho nu. As leveduras não são fungos filamentosos, unicelulares, tipicamente esféricos ou ovais. Tal como os bolores, as leveduras estão amplamente distribuídas na natureza; são frequentemente encontradas como um revestimento em pó branco em frutos e folhas. As leveduras em brotamento, como a *Saccharomyces*, dividem-se de forma desigual.

Na brotação, a célula-mãe forma uma protuberância (broto) na sua superfície externa. À medida que o botão se alonga, o núcleo da célula-mãe divide-se e um núcleo migra para o botão. O material da parede celular é então depositado entre o botão e a célula-mãe, e o botão acaba por se separar. Uma célula de levedura pode, com o tempo, produzir até 24 células filhas por brotamento. Algumas leveduras produzem gomos que não se conseguem separar; estes gomos formam uma cadeia curta de células chamada pseudo-hifa. *A Candida albicans* liga-se às células epiteliais humanas como uma levedura, mas normalmente necessita de pseudo-hifas para invadir os tecidos mais profundos. As leveduras de fissão dividem-se uniformemente para produzir duas novas células. Durante a fissão, a célula-mãe alonga-se, o seu núcleo divide-se e são produzidas duas células-filhas. O aumento do número de células de levedura num meio sólido produz uma colónia semelhante a uma colónia de bactérias. As leveduras são capazes de um crescimento anaeróbico facultativo. As leveduras podem utilizar o oxigénio ou um composto orgânico como acetor final de electrões; este é um atributo valioso porque permite que estes fungos sobrevivam em vários ambientes. Se tiverem acesso ao oxigénio, as leveduras realizam a respiração aeróbica para metabolizar os hidratos de carbono em dióxido de carbono e água; sem oxigénio, fermentam os hidratos de carbono e produzem etanol e dióxido de carbono. Esta fermentação é utilizada nas indústrias da cerveja, do vinho e da panificação. As espécies de *Saccharomyces* produzem etanol em bebidas fermentadas e dióxido de carbono para fermentar a massa de pão. Fungos dimórficos Alguns fungos, sobretudo as espécies patogénicas, apresentam dimorfismo - duas formas de crescimento. Estes fungos podem crescer como bolor ou como levedura. As formas semelhantes a bolores produzem hifas vegetativas e aéreas; as formas semelhantes a leveduras reproduzem-se por brotamento. O dimorfismo nos fungos patogénicos é dependente da temperatura: a 3PC, o fungo é do tipo levedura, e a 25°C, é do tipo bolor.

Ciclo de vida

Os fungos filamentosos podem reproduzir-se assexuadamente através da fragmentação das suas hifas. Para além disso, tanto a reprodução sexuada como a assexuada nos fungos ocorre através da formação de esporos. De facto, os fungos são geralmente identificados pelo tipo de esporo. Os esporos fúngicos, no entanto, são bastante diferentes dos endosporos bacterianos. Os endosporos bacterianos permitem que uma célula bacteriana sobreviva a condições ambientais adversas. Uma única célula bacteriana vegetativa forma um endósporo, que eventualmente germina para produzir uma única célula bacteriana vegetativa. Este processo não é uma reprodução porque não aumenta o número total de células bacterianas. No entanto, depois de um fungo formar um esporo, este separa-se do seu progenitor e germina num novo fungo. Ao contrário do endosporo bacteriano, este é um verdadeiro esporo reprodutivo; um segundo organismo cresce a partir do esporo. Embora os esporos de fungos possam sobreviver durante longos períodos em ambientes secos ou quentes, a maioria não apresenta a tolerância extrema e a longevidade dos endosporos bacterianos. Os esporos são formados a partir de hifas aéreas de várias maneiras diferentes, dependendo da espécie. Os esporos de fungos podem ser assexuados ou sexuais. Os esporos assexuados são formados pelas hifas de um organismo. Quando estes esporos germinam, transformam-se em organismos geneticamente idênticos ao progenitor. Os esporos sexuais resultam da fusão de núcleos de duas linhagens opostas da mesma espécie de fungo. Os fungos produzem esporos sexuais com menos frequência do que os esporos assexuais. Os organismos que crescem a partir de esporos sexuais terão características genéticas de ambas as linhagens parentais. Uma vez que os esporos têm uma importância considerável na identificação dos fungos, vamos de seguida analisar alguns dos vários tipos de esporos assexuados e sexuais.

Esporos assexuados Os esporos assexuados são produzidos por um fungo individual através de meiose e subsequente divisão celular; não há fusão dos núcleos das células. Dois tipos de esporos assexuados são produzidos pelos fungos. Um tipo é o conidióforo, ou conídio (plural: *conidia)*, um esporo unicelular ou multicelular que não está fechado num saco. Os conídios são produzidos numa cadeia na extremidade de um conidióforo. Estes esporos são produzidos por *Aspergillus*. Os conídios formados pela fragmentação de uma hifa septada em células simples, ligeiramente espessadas, são chamados artbroconídios. Uma espécie que produz tais esporos é o *Coccidioides immitis*. Outro tipo de conídio, o blastoconídio, consiste em botões que se desprendem da célula-mãe. Estes esporos encontram-se em algumas leveduras, como *Candida albicalls* e *Cryptococcus*. Um fungo que produz clamidoconídios é a levedura C. *albicalls.*
O outro tipo de esporo assexuado é um esporangiósporo, formado dentro de um esporângio, ou saco, na extremidade de uma hifa aérea chamada esporangióforo.
Esporos sexuais Um esporo sexual fúngico resulta da reprodução sexual, que consiste em três fases:

1. Plasmogamia. Um núcleo haploide de uma célula dadora (+) penetra no citoplasma de uma célula recetora.

2. Cariogamia. Os núcleos (+) e (-) fundem-se 10 formando um núcleo zigoto diploide.

3. Meiose. O núcleo diploide dá origem a núcleos haplóides (esporos sexuais), alguns dos quais podem ser recombinantes genéticos.

Os esporos sexuais produzidos pelos fungos caracterizam os filos. Em laboratório, a maioria dos fungos apresenta apenas esporos assexuados. Consequentemente, a identificação clínica baseia-se no exame microscópico dos esporos assexuados.

Adaptações nutricionais

Os fungos estão geralmente adaptados a ambientes que seriam hostis às bactérias. Os fungos são quimioheterotróficos e, tal como as bactérias, absorvem os nutrientes em vez de os ingerirem, como fazem os animais. No entanto, os fungos diferem das bactérias em certos requisitos ambientais e nas seguintes características nutricionais:

• Os fungos crescem normalmente num ambiente com um pH de cerca de 5, que é 100 ácido para o crescimento da maioria das bactérias comuns.

• Quase todos os bolores são aeróbios. A maior parte das leveduras são anaeróbios facultativos.

• A maioria dos fungos é mais resistente à pressão osmótica do que as bactérias; a maioria pode, portanto, crescer em concentrações relativamente altas de açúcar ou sal.

• Os fungos podem crescer em substâncias com um teor de humidade muito baixo; geralmente demasiado baixo para suportar o crescimento de bactérias.

• Os fungos necessitam de um pouco menos de azoto do que as bactérias para uma quantidade equivalente de crescimento.

• Os fungos são frequentemente capazes de metabolizar hidratos de carbono complexos, como a lenhina (um componente da madeira), que a maioria das bactérias não consegue utilizar como nutrientes. Estas características permitem que os fungos cresçam em substratos tão improváveis como paredes de casas de banho, couro de sapatos e jornais descartados.

Filos de fungos importantes do ponto de vista médico

Esta secção apresenta uma visão geral dos filos de fungos com importância médica. Note que nem todos os fungos causam doenças. Os géneros nomeados nos seguintes filos incluem muitos que são facilmente encontrados como contaminantes em alimentos e em culturas bacterianas de laboratório. Embora estes géneros não sejam todos de importância médica primária, são exemplos típicos dos seus respectivos grupos.

Zygomycota

Os Zygomycota, ou fungos de conjugação, são bolores saprófitas que têm hifas coenocíticas. Um exemplo é o *Rhizoplls Stolonifer*, o bolor preto comum do pão. Os esporos assexuados de *Rhizopus* são esporangiósporos. Os esporangiósporos escuros no interior do esporângio dão ao *Rhizopus* o seu nome comum descritivo. Quando o esporângio se abre, os esporangiosporos dispersam-se. Se caírem num meio adequado, germinam e formam um novo talo de fungo. Os esporos sexuais são os zigósporos. Um zigósporo é um esporo grande, envolto numa parede espessa. Este tipo de esporo resulta da fusão dos núcleos de duas células morfologicamente semelhantes entre si.

Ascomicota

Os Ascomycota, ou fungos de saco, incluem bolores com hifas septadas e algumas leveduras. Os seus esporos assexuados são geralmente conídios produzidos em longas cadeias a partir dos conidióforos. O termo *conídio* significa poeira, e esses esporos se desprendem livremente da cadeia ao menor distúrbio e flutuam no ar como poeira. Um ascósporo resulta da fusão dos núcleos de duas células que podem ser morfologicamente semelhantes ou diferentes. Estes esporos são produzidos numa estrutura semelhante a um saco, denominada ascus. Os membros deste filo são chamados de fungos de saco por causa do ascus.

Basidiomycota

Os Basidiomycota, ou fungos dublês, também possuem hifas septadas. Este filo inclui os fungos que produzem cogumelos. Os basidiósporos são formados externamente num pedestal de base chamado basídio. O nome comum do fungo deriva da forma de clube do basídio). Há geralmente quatro basidiósporos por basídio. Alguns dos basidiomicotas produzem conidiósporos assexuados. Os fungos que analisámos até agora são teleomorfos; isto é, produzem tanto esporos sexuais como assexuados. Alguns ascomicetes perderam a capacidade de se reproduzir sexualmente. Estes fungos assexuados são chamados anamorfos. *Penicillium* é um exemplo de um anamorfo que surgiu de uma mutação num tcleomorfo. Historicamente, os fungos cujo ciclo sexual não tinha sido observado eram colocados numa "categoria de retenção" chamada *Deuteromycota*. Atualmente, os micologistas estão a utilizar a sequenciação do rRNA para classificar estes organismos. A maioria destes deuteromicetos anteriormente não classificados são fases anamorfas de Ascomycota, e alguns são basidiomicetos. São dados dois nomes genéricos para alguns dos fungos porque os fungos de importância médica que são bem conhecidos pelo seu nome anamorfo, ou assexual, são frequentemente referidos por esse nome.

Doenças fúngicas

Qualquer infeção fúngica é designada por micose. As micoses são geralmente infecções crónicas (de longa duração) porque os fungos crescem lentamente. As micoses são classificadas em cinco grupos, de acordo com o grau de envolvimento dos tecidos e o modo de entrada no hospedeiro: sistémicas, subcutâneas, cutâneas, superficiais ou oportunistas. Em vimos que os fungos estão relacionados com os animais. Consequentemente, os medicamentos que afectam as células fúngicas podem também afetar as células animais. Este facto torna as infecções fúngicas dos seres humanos e de outros animais frequentemente difíceis de tratar. As micoses sistémicas são infecções fúngicas profundas no corpo. Não se limitam a uma região específica do corpo, mas podem afetar vários tecidos e órgãos. As micoses sistémicas são geralmente causadas por fungos que vivem no solo. A inalação de esporos é a via de transmissão; estas infecções começam normalmente nos pulmões e depois propagam-se a outros tecidos do corpo. Não são contagiosas de animal para homem ou de homem para homem.

Questões de revisão

1. Discuta as características gerais dos fungos
2. Explique a morfologia dos fungos
3. Explique a reprodução dos fungos
4. Escreva a importância económica dos fungos

10. Microbiologia ambiental

10.1 Diversidade microbiana e habitats

A diversidade das populações microbianas indica que estas tiram partido de todos os nichos existentes no seu ambiente. Podem existir diferentes quantidades de oxigénio, luz ou nutrientes num espaço de poucos milímetros no solo. À medida que uma população de organismos aeróbios consome o oxigénio disponível, os anaeróbios conseguem crescer. Se o solo for perturbado por arado, minhocas ou outra atividade, os aeróbios poderão voltar a crescer e repetir esta sucessão. Os micróbios que vivem em condições extremas de temperatura, acidez, alcalinidade ou salinidade são chamados extremófilos. A maioria é membro da família Archaea. As enzimas que tornam possível o crescimento nestas condições têm sido de grande interesse para a indústria porque podem tolerar temperaturas, salinidades e pH extremos que inactivariam outras enzimas. O organismo, encontrado a crescer numa nascente quente no Parque Nacional de Yellowstone, é a fonte da valiosa enzima utilizada na técnica da reação em cadeia da polimerase (PCR). A enzima funciona a temperaturas tão elevadas como 9S "C, o ponto de ebulição da água no habitat do organismo. Noutro extremo, foram encontradas bactérias enterradas nas camadas de gelo da Antárctida e da Terra Verde, sobrevivendo de alguma forma a temperaturas tão baixas como - 40 "C, dentro de uma película de água que dá vida, com apenas cerca de três moléculas de espessura. No deserto de Atacama, no Chile, uma espécie de cianobactéria vive dentro de cristais de sal. A sua única humidade é absorvida da atmosfera todas as noites e a sua energia provém da luz solar.

Os microrganismos vivem num ambiente intensamente competitivo e têm de explorar qualquer vantagem que possam obter. Podem metabolizar nutrientes comuns mais rapidamente ou utilizar nutrientes que os organismos concorrentes não conseguem metabolizar. Alguns, como as bactérias do ácido lático, tão úteis no fabrico de produtos lácteos, são capazes de criar um nicho ambiental inóspito para os organismos concorrentes. As bactérias do ácido lático são incapazes de utilizar o oxigénio como aceitador de electrões e são capazes de fermentar os açúcares apenas em ácido lático, deixando a maior parte da energia por utilizar. No entanto, a acidez inibe o crescimento de micróbios concorrentes mais eficientes.

Simbiose

Do ponto de vista económico, o exemplo mais importante de uma simbiose animal-micróbio é o dos ruminantes, animais que têm um órgão digestivo semelhante a um tanque chamado *rúmen*. Os ruminantes, como os bovinos e as ovelhas, alimentam-se de plantas ricas em celulose. As bactérias do rúmen fermentam a celulose em compostos que são absorvidos pelo sangue do animal e posteriormente utilizados como carbono e energia. Os protozoários ruminais mantêm a população bacteriana sob controlo, comendo as bactérias. Um contributo muito importante para o crescimento das plantas é dado pelas "micorrizas" ou simbiontes micorrízicos. Existem dois tipos principais destes fungos: as *endomicorrizas*, também conhecidas como *micorrizas vesículo-arbusculares; e as ectomicorrizas*. Ambos os tipos funcionam como os pêlos radiculares das plantas, ou seja, aumentam a área de superfície através da qual a planta pode absorver nutrientes, especialmente fósforo, que não é muito móvel no solo.

As micorrizas vesículo-arbustivas formam grandes esporos que podem ser facilmente isolados do solo por peneiração. As hifas destes esporos em germinação penetram na raiz da planta e formam dois tipos de estruturas: vesículas e arbúsculos. As vesículas são corpos ovais lisos que provavelmente funcionam como estruturas de armazenamento. Os arbúsculos, pequenas estruturas semelhantes a arbustos, formam-se no interior das células vegetais (Figura 27.1a). Os nutrientes viajam do solo através de hifas fúngicas para estes arbúsculos, que se decompõem gradualmente e libertam os nutrientes para as plantas. A maioria das gramíneas e outras plantas são surpreendentemente dependentes destes fungos para um crescimento adequado, e a sua presença é quase universal no reino vegetal. As ectomicorrizas infectam principalmente árvores como o pinheiro e o carvalho. O fungo forma um *manto* de micélio sobre as raízes mais pequenas da árvore. As ectomicorrizas não formam vesículas ou arbúsculos. Os gestores de explorações comerciais de pinheiros devem assegurar que as plântulas são inoculadas com solo que contém micorrizas eficazes.

As trufas, conhecidas como uma iguaria alimentar, são ectomicorrizas, geralmente de carvalhos. Na Europa, os porcos ou cães treinados são utilizados para as encontrar pelo cheiro e arrancar as raízes. Para um porco, macho ou fêmea, o componente mais importante do odor de uma trufa é o sulfureto de dietilo, que é também responsável pelo odor da couve. Na natureza, a proliferação do fungo depende da ingestão *por* um animal, que distribui os esporos não digeridos para novos locais. Cada vez mais, a cultura das trufas torna-se uma atividade agrícola. Os carvalhos são plantados em bosques e inoculados artificialmente com esporos de fungos que são cultivados em laboratório ou extraídos de trufas maduras.

Microbiologia do solo e ciclos biogeoquímicos

Milhares de milhões de organismos, incluindo os microscópicos e os comparativamente enormes insectos e minhocas, formam uma comunidade viva e vibrante no solo. O solo típico tem milhões de bactérias em cada grama. Um grama de solo pode parecer uma amostra pequena, mas pode produzir algumas estatísticas surpreendentes. Estima-se que tenha 20.000 metros quadrados de área de superfície. O número de bactérias nesta amostra seria de cerca de mil milhões (embora apenas cerca de 1 % possa ser cultivado) e poderia conter mais de um quilómetro de hifas de fungos. Mesmo assim, apenas uma fração muito pequena da área de superfície disponível nesse grama de solo é colonizada por micróbios. A população microbiana do solo é maior nos primeiros centímetros e diminui rapidamente com a profundidade. Os organismos mais numerosos no solo são as bactérias. Embora os actinomicetos sejam bactérias, são geralmente considerados separadamente.

As populações bacterianas do solo são geralmente estimadas através da contagem de placas em meios nutritivos, e os números reais são provavelmente muito subestimados por este método. Nenhum meio nutritivo ou condição de crescimento pode satisfazer todas as necessidades nutricionais e outras dos microrganismos do solo. Podemos pensar no solo como um "fogo biológico". Uma folha que cai de uma árvore é consumida por este fogo à medida que os micróbios do solo metabolizam a sua matéria orgânica. Os elementos contidos na folha entram nos ciclos biogeoquímicos do carbono, azoto e enxofre que iremos discutir neste capítulo. Nos ciclos biogeoquímicos, os elementos são oxidados e reduzidos pelos microrganismos para satisfazer as suas necessidades metabólicas. Sem os ciclos biogeoquímicos, a vida na Terra deixaria de existir.

O ciclo do carbono

O principal ciclo biogeoquímico é o ciclo do carbono. Todos os organismos, incluindo as plantas, os micróbios e os animais, contêm grandes quantidades de carbono sob a forma de compostos orgânicos como a celulose, os amidos, as gorduras e as proteínas. Vejamos mais de perto como se formam estes compostos orgânicos. De facto, a sua grande massa de celulose provém dos 0,03% de dióxido de carbono da atmosfera. Isto ocorre como resultado da fotossíntese, o primeiro passo do ciclo do carbono, no qual os fotoautótrofos, como as cianobactérias, plantas verdes, algas e bactérias verdes e púrpuras do enxofre (incorporam) o dióxido de carbono em matéria orgânica, utilizando a energia da luz solar. Na etapa seguinte do ciclo, os quimioheterótrofos, como os animais e os protozoários, tornam-se autótrofos e podem, por sua vez, ser comidos por outros animais. Assim, à medida que os compostos orgânicos dos autótrofos são digeridos e ressintetizados, os átomos de carbono do dióxido de carbono são transferidos de organismo para organismo ao longo da cadeia alimentar. O carbono fica imediatamente disponível para recomeçar o ciclo. Grande parte do carbono permanece no interior dos organismos até que estes o excretem como resíduos ou morram. Quando as plantas e os animais morrem, estes compostos orgânicos são decompostos por bactérias e fungos. Durante a decomposição, os compostos orgânicos são oxidados, e *o Co* é devolvido ao ciclo. Os quimioheterotróficos, incluindo os animais, utilizam algumas das moléculas orgânicas para satisfazer as suas necessidades energéticas. Quando esta energia é libertada através da respiração, o dióxido de carbono O carbono é armazenado em rochas, como o calcário ($CaCO_3$), e é dissolvido como iões carbonato (CO_3^-) nos oceanos. Existem vastos depósitos de matéria orgânica fóssil sob a forma de combustíveis fósseis, como o carvão e o petróleo. A queima destes combustíveis fósseis liberta CO_2, aumentando a quantidade de CO_2 na atmosfera. Muitos cientistas acreditam que o aumento do dióxido de carbono atmosférico pode estar a causar um aquecimento global da Terra. Um aspeto interessante do ciclo do carbono é o gás metano (CH_4). Os sedimentos no fundo do oceano contêm uma quantidade estimada de metano, cerca do dobro dos depósitos de combustíveis fósseis da Terra, como o carvão e o petróleo. Além disso, as bactérias metanogénicas nas profundezas do oceano estão constantemente a produzir mais. O metano é um gás com efeito de estufa muito mais potente do que o dióxido de carbono e o ambiente da Terra seria perigosamente alterado se todo este gás escapasse para a atmosfera.

O ciclo do azoto

O azoto molecular (N_2) constitui quase 80% da atmosfera terrestre. Para que as plantas assimilem e utilizem o azoto, este deve ser fixado, ou seja, absorvido e combinado em compostos orgânicos. As actividades de microrganismos específicos são importantes para a conversão do azoto em formas utilizáveis.

Amonificação

Quase todo o azoto do solo existe em moléculas orgânicas, principalmente em proteínas. Quando um organismo morre, o processo de decomposição microbiana resulta na decomposição hidrolítica das proteínas em aminoácidos. Num processo designado por desaminação, os grupos amino dos aminoácidos são removidos e convertidos em amoníaco ($NH3$). O crescimento microbiano liberta enzimas proteolíticas extracelulares que decompõem as proteínas. Os aminoácidos resultantes são transportados para o interior das células microbianas, onde ocorre a amonificação. O destino do amoníaco produzido pela amonificação depende das condições do solo (ver a discussão da desnitrificação, que se segue). Como o amoníaco é um gás, desaparece rapidamente do solo seco, mas no solo húmido solubiliza-se em água e formam-se iões de amónio ($NH4 +$): Os iões de amónio resultantes desta sequência de reacções são utilizados por bactérias e plantas para a síntese de aminoácidos.

Nitrificação

A sequência seguinte de reacções no ciclo do azoto envolve a oxidação do azoto no ião amónio para produzir nitrato, um processo chamado nitrificação. No solo vivem bactérias nitrificantes autotróficas, como as dos géneros *Nitrosomonas* e *Nitrobacter*.

Ião nitrato

As plantas tendem a utilizar o nitrato como fonte de azoto para a síntese de proteínas porque o nitrato é altamente móvel no solo e é mais provável que encontre uma raiz de planta do que o amónio. Os iões de amónio seriam uma fonte de azoto mais eficiente porque requerem menos energia para serem incorporados nas proteínas, mas estes iões de carga positiva estão normalmente ligados a argilas de carga negativa no solo, enquanto os iões de nitrato de carga negativa não estão ligados.

Desnitrificação

A forma de azoto resultante da nitrificação está totalmente oxidada e já não contém qualquer energia biologicamente utilizável. No entanto, pode ser utilizado como aceitador de electrões por micróbios que metabolizam outras fontes de energia orgânica na ausência de oxigénio atmosférico. Este processo, denominado desnitrificação, pode levar a uma perda de azoto para a atmosfera, especialmente sob a forma de gás nitrogénio. A desnitrificação ocorre em solos encharcados, onde há pouco oxigénio disponível. Na ausência de oxigénio como acetor de electrões, as bactérias desnitrificantes substituem os nitratos dos fertilizantes agrícolas. Isto converte grande parte do valioso nitrato em azoto gasoso que entra na atmosfera e representa uma perda económica considerável.

Fixação do azoto

Vivemos no fundo de um oceano de gás nitrogénio. O ar que respiramos é composto por cerca de 79% de azoto e, por cima de cada acre de solo (a área de um campo de futebol americano desde a linha de golo até à linha de jarda oposta, ou seja, 50,6 x 80 metros), existe uma coluna de azoto que pesa cerca de 32 000 toneladas. Mas as únicas criaturas na Terra que o podem utilizar diretamente como fonte de azoto são algumas espécies de bactérias, incluindo as cianobactérias. O processo pelo qual estas convertem o gás nitrogénio em amoníaco é conhecido como fixação de nitrogénio. As bactérias responsáveis pela fixação de azoto dependem todas da mesma enzima, a *nitrogenase*. Estima-se que toda a quantidade desta enzima essencial existente na Terra poderia caber num único balde grande. Uma caraterística da nitrogenase é que é inactivada pelo oxigénio. Por conseguinte, é provável que tenha evoluído no início da história do planeta, antes de a atmosfera conter muito oxigénio molecular e antes de existirem compostos contendo azoto provenientes da matéria orgânica em decomposição. A fixação do azoto é realizada por dois tipos de microrganismos: os de vida livre e os simbióticos. (Os fertilizantes agrícolas são constituídos por azoto fixado por processos físico-químicos industriais).

Bactérias fixadoras de azoto de vida livre As bactérias fixadoras de azoto de vida livre encontram-se em concentrações particularmente elevadas na *rizosfera*, uma região a cerca de 2 milímetros da raiz da planta. A rizosfera representa uma espécie de oásis nutricional no solo, especialmente nas pastagens. Entre as bactérias de vida livre que podem fixar o azoto encontram-se espécies aeróbias como a *Azotobacter*. Estes organismos aeróbicos aparentemente protegem a enzima nitrogenase anaeróbica do oxigénio, entre outras coisas, por terem uma taxa muito elevada de utilização de oxigénio que minimiza a difusão do oxigénio para o interior da célula, onde a enzima está localizada.

Outro aeróbio obrigatório de vida livre que fixa o azoto é a *Beijerinckia*. Algumas bactérias anaeróbias, como certas espécies de *Clostridium*, também fixam azoto. A bactéria C. *pastellrianum*, um microrganismo obrigatoriamente anaeróbio e fixador de azoto, é um exemplo proeminente. Existem muitas espécies de cianobactérias aeróbias, fotossintetizantes, que fixam o azoto. Dado que o seu fornecimento de energia é independente dos hidratos de carbono no solo ou na água, são fornecedores de azoto especialmente úteis para o ambiente. As cianobactérias transportam normalmente as suas enzimas nitrogenase em estruturas especializadas denominadas heterocistos, que proporcionam condições anaeróbias para a fixação. A maioria das bactérias fixadoras de azoto de vida livre é capaz de fixar grandes quantidades de azoto em condições laboratoriais. No entanto, no solo há geralmente uma escassez de hidratos de carbono utilizáveis para fornecer a energia necessária para reduzir o azoto a amoníaco, que é depois incorporado em proteínas. No entanto, estas bactérias fixadoras de azoto contribuem de forma importante para a economia de azoto em áreas como os prados, as florestas e a tundra árctica. Bactérias Simbióticas Fixadoras de Azoto As bactérias simbióticas fixadoras de azoto desempenham um papel ainda mais importante no crescimento das plantas para a produção de culturas. Membros do grupo *Rhilizobium Bradyrhizobium* e outros infectam as raízes de plantas leguminosas, como soja, feijão, ervilha, amendoim, alfafa e trevo. (Estas plantas de importância agrícola são apenas algumas das milhares de espécies de leguminosas conhecidas, muitas das quais são plantas arbustivas ou pequenas árvores que se encontram em solos pobres em muitas partes do mundo). As rizóbios, como são vulgarmente conhecidas estas bactérias, estão especialmente adaptadas a determinadas espécies de leguminosas, nas quais formam nódulos radiculares. O azoto é então fixado por um processo simbiótico entre a planta e a bactéria. A planta fornece condições anaeróbicas e nutrientes de crescimento para as bactérias e estas fixam o azoto que pode ser incorporado nas proteínas vegetais. Existem exemplos semelhantes de fixação simbiótica de azoto em plantas não leguminosas, como os amieiros. Estas árvores estão entre as primeiras a aparecer nas florestas após incêndios ou glaciação. O amieiro é infetado simbioticamente por um actinomiceto *(Frankia)* e forma nódulos radiculares fixadores de azoto. O crescimento de um hectare de amieiros pode fixar cerca de 50 kg de azoto por ano; as árvores constituem assim um valioso complemento da economia florestal. Outro contributo importante para a economia de azoto das florestas é dado pelos líquenes, que são uma combinação de fungos e uma alga ou uma cianobactéria numa relação mutualista. Quando um dos simbiontes é uma cianobactéria fixadora de azoto, o produto é o azoto fixado que acaba por enriquecer o solo da floresta. As cianobactérias de vida livre podem fixar quantidades significativas de azoto em solos desérticos após as chuvas e na superfície dos solos da tundra árctica. Os arrozais podem acumular grandes quantidades destes organismos fixadores de azoto. As cianobactérias também formam uma simbiose com um pequeno feto flutuante, *Azolla*, que cresce densamente nas águas dos arrozais. A quantidade de azoto fixada por estes micróbios é tal que, frequentemente, não são necessários outros fertilizantes azotados para a cultura do arroz.

O ciclo do enxofre

O ciclo do enxofre e o ciclo do azoto assemelham-se no sentido em que representam numerosos estados de oxidação destes elementos. As formas mais reduzidas de enxofre são os sulfuretos, como o gás odorífero sulfureto de hidrogénio (H_2S). Tal como o ião amónio do ciclo do azoto, trata-se de um composto reduzido que se forma geralmente em condições anaeróbias. Por sua vez, representa uma fonte de energia para as bactérias autotróficas. Estas bactérias convertem o enxofre reduzido no H_2S em grânulos de enxofre elementar e sulfatos totalmente oxidados. Frequentemente, o enxofre elementar é libertado pelos micróbios em decomposição. O enxofre elementar é essencialmente insolúvel em águas temperadas, e os micróbios têm dificuldade em absorvê-lo. Esta é provavelmente a origem das enormes acumulações subterrâneas pré-históricas de enxofre. Várias bactérias fototróficas, como as bactérias verdes e púrpuras do enxofre, também oxidam o H2S, formando grânulos internos coloridos de enxofre. Tal como *as Beggiatoa*, podem ainda oxidar o enxofre em iões de sulfato. É importante reconhecer que estes organismos estão a utilizar a luz para obter energia; o sulfureto de hidrogénio é utilizado para reduzir o CO2. O sulfureto de hidrogénio pode ser usado como fonte de energia pelo *Thiobacillus* para produzir iões de sulfato e ácido sulfúrico. As plantas e as bactérias incorporam sulfatos para se tornarem parte de aminoácidos contendo enxofre para os seres humanos e outros animais. Aí, formam ligações dissulfureto que dão estrutura às proteínas. À medida que as proteínas são decompostas num processo chamado dissimilação, o enxofre é libertado como sulfureto de hidrogénio para reentrar no ciclo. Recentemente, foi descoberto outro ecossistema microbiano que funciona longe da luz solar, a mais de 1 km de profundidade, no interior de rochas, incluindo xistos, granitos e basaltos. Estas bactérias são chamadas endólitos (dentro das rochas), que têm de crescer na quase ausência de oxigénio e com um mínimo de nutrientes. Além disso, nestas rochas, as reacções químicas e a radioatividade dividem o H20, produzindo hidrogénio, que pode ser utilizado como energia pelas bactérias endolíticas autotróficas. O dióxido de carbono dissolvido na água serve como fonte de carbono e é produzida matéria orgânica celular. Parte é excretada ou libertada após a morte e lise do micróbio, ficando disponível para o crescimento de outros micróbios. As entradas de nutrientes, especialmente de azoto, são muito pequenas neste ambiente e os tempos de geração podem ser medidos em muitos anos. Várias estratégias de sobrevivência foram desenvolvidas para a vida com nutrição mínima. Por exemplo, suspensos num estado entre a vida e a morte, alguns destes organismos tornam-se dramaticamente mais pequenos. Os ecologistas que especulam sobre as formas de vida que podem ser encontradas no ambiente hostil de Marte estão muito interessados nos endólitos.

O ciclo do fósforo

Outro importante elemento nutricional que faz parte de um ciclo biogeoquímico é o fósforo. A disponibilidade de fósforo pode determinar se as plantas e outros organismos podem crescer numa área. Os problemas associados ao excesso de fósforo existem principalmente como iões fosfato (PO43-) e sofrem muito poucas alterações no seu estado de oxidação. Em vez disso, o ciclo do fósforo envolve mudanças de formas solúveis para insolúveis e de fosfato orgânico para inorgânico, muitas vezes em relação ao pH. Por exemplo, o fosfato presente nas rochas pode ser solubilizado pelo ácido produzido por bactérias como a *Thiobacillus*. Ao contrário dos outros ciclos, não existe um produto volátil que contenha fósforo para o devolver à atmosfera da mesma forma que o dióxido de carbono, o gás nitrogénio e os dióxidos de enxofre. Por conseguinte, o fósforo tende a acumular-se nos mares. Pode ser recuperado através da extração de sedimentos acima do solo de mares antigos, principalmente como depósitos de fosfato de cálcio. As aves marinhas também extraem fósforo do mar, comendo peixe que contém fósforo e depositando-o sob a forma de guano (excrementos de aves). Algumas pequenas ilhas habitadas por estas aves foram durante muito tempo objeto de exploração destes depósitos como fonte de fósforo para fertilizantes.

A degradação de produtos químicos sintéticos no solo e na água

A matéria orgânica natural, como as folhas caídas ou os resíduos animais, é de facto facilmente degradada. No entanto, nesta era industrial, muitas substâncias químicas que não ocorrem na natureza (xenobiólicos), como os plásticos, entram no solo em grandes quantidades. De facto, os plásticos constituem cerca de um quarto de todos os resíduos urbanos. Uma solução proposta para o problema é o desenvolvimento de plásticos biodegradáveis feitos de polilactida (PLA) produzida pela fermentação do ácido lático. Os obstáculos são económicos e não tecnológicos. Muitos produtos químicos sintéticos, como os pesticidas, são altamente resistentes à degradação por ataque microbiano. Um exemplo bem conhecido é o inseticida DDT, que se revelou tão resistente que se acumulou até atingir níveis prejudiciais no ambiente. Algumas substâncias químicas sintéticas são constituídas por ligações e subunidades que estão sujeitas ao ataque de enzimas bacterianas. Pequenas diferenças na estrutura química podem fazer grandes diferenças na biodegradabilidade. O exemplo clássico é o de dois herbicidas: 2,4-0 (o químico comum utilizado para matar ervas daninhas dos relvados) e 2,4,5-T (utilizado para matar arbustos); ambos eram componentes do Agente Laranja, utilizado para desfolhar as selvas durante a guerra do Vietname. A adição de um único átomo de cloro à estrutura do 2,4-0 prolonga a sua vida no solo de alguns dias para um período indefinido. Um problema crescente é a lixiviação para as águas subterrâneas de materiais tóxicos que não são biodegradáveis ou que se degradam muito lentamente. As fontes destes materiais podem incluir aterros sanitários, lixeiras industriais ilegais ou pesticidas aplicados em culturas agrícolas.

Bioremediação

A utilização de micróbios para desintoxicar ou degradar poluentes é designada por bioremediação. Os derrames de petróleo de navios-tanque naufragados representam alguns dos exemplos mais dramáticos de poluição química. As perdas económicas decorrentes da contaminação das pescas e das praias podem ser enormes, até certo ponto; a biorremediação ocorre naturalmente, uma vez que os micróbios atacam o petróleo se as condições forem aeróbicas. No entanto, os micróbios obtêm normalmente os seus nutrientes em soluções aquosas e os produtos derivados do petróleo são relativamente pouco solúveis. Além disso, os hidrocarbonetos de petróleo são deficientes em elementos essenciais, como o azoto e o fósforo. A bioremediação de derrames de petróleo é grandemente melhorada se as bactérias residentes receberem "fertilizantes" contendo azoto e fósforo. A bioremediação pode também utilizar micróbios que tenham sido seleccionados para crescer num determinado poluente ou bactérias geneticamente modificadas que estejam especialmente adaptadas para metabolizar produtos petrolíferos. A adição destes micróbios especializados é designada por bioaumentação.

Resíduos sólidos urbanos

Os resíduos sólidos urbanos (lixo) são mais frequentemente colocados em grandes aterros compactados, As condições são em grande parte anaeróbias e mesmo os materiais presumivelmente biodegradáveis, como o papel, não são atacados de forma muito eficaz pelos microrganismos. De facto, a recuperação de um jornal com 20 anos em condições de leitura não é de todo invulgar. Mas essas condições anaeróbias promovem a atividade dos mesmos metanogénios utilizados no funcionamento dos digestores anaeróbicos de lamas para tratar os esgotos. O metano que produzem pode ser extraído através de perfurações e queimado para gerar eletricidade ou purificado e introduzido em sistemas de condutas de gás natural. Estes sistemas fazem parte da conceção de muitos aterros de grandes dimensões nos Estados Unidos, alguns dos quais fornecem energia a instalações industriais e a habitações. Numa escala mais pequena, estudos realizados na Índia mostraram que o metano produzido a partir dos resíduos de três vacas é suficiente para abastecer uma família com gás de cozinha.

A quantidade de matéria orgânica que entra nos aterros pode ser consideravelmente reduzida se for primeiro separada do material que não é biodegradável e compostada. A compostagem é um processo que os jardineiros utilizam para converter os restos de plantas no equivalente ao húmus natural. Um monte de folhas ou de aparas de relva sofrerá uma degradação microbiana. Em condições favoráveis, as bactérias termófilas aumentam a temperatura do composto para 55-60°C num par de dias. Após a diminuição da temperatura, a pilha pode ser virada para renovar o fornecimento de oxigénio, e ocorrerá um segundo aumento de temperatura. Com o tempo, as populações microbianas termofílicas são substituídas por populações mesofílicas que continuam lentamente a conversão num material estável semelhante ao húmus. Quando há espaço disponível, os resíduos urbanos são compostados em leiras distribuídas e revolvidas periodicamente por máquinas especializadas. Atualmente, a eliminação de resíduos urbanos também recorre cada vez mais a métodos de compostagem.

11. Microbiologia ambiental

11.1 Microbiologia aquática e tratamento de águas residuais

A microbiologia aquática refere-se ao estudo dos microrganismos e das suas actividades em águas naturais, tais como lagos, lagoas, ribeiros, rios, estuários e oceanos. As águas residuais domésticas e industriais entram em lagos e cursos de água, e a sua degradação e efeitos na vida microbiana são factores importantes na microbiologia aquática. Veremos também que o método de tratamento das águas residuais pelos municípios imita um processo de filtragem natural.

11.2 Microorganismos aquáticos

Um grande número de microrganismos numa massa de água indica geralmente níveis elevados de nutrientes na água. A água contaminada por afluxos de sistemas de esgotos ou de resíduos orgânicos industriais biodegradáveis tem um número relativamente elevado de bactérias. Do mesmo modo, os estuários oceânicos (alimentados por rios) têm níveis mais elevados de nutrientes e, por conseguinte, maiores populações microbianas do que outras águas costeiras. Na água, particularmente na água com baixas concentrações de nutrientes, os microrganismos tendem a crescer em superfícies fixas e em partículas. Desta forma, um microrganismo tem contacto com mais nutrientes do que se estivesse suspenso ao acaso e flutuando livremente com a corrente. Muitas bactérias, cujo habitat principal é a água, têm frequentemente apêndices e aderências que se fixam a várias superfícies.

11.3 Microbiota de água doce

Um lago ou charco típico serve de exemplo para representar as várias zonas e os tipos de microbiota encontrados numa massa de água doce. A zona litoral ao longo da margem tem uma vegetação considerável e a luz penetra em toda ela. A zona limnética consiste na superfície da área de água aberta longe da costa. A zona profunda é a água mais profunda sob a zona limnética. A zona bentónica contém os sedimentos do fundo. As populações microbianas das massas de água doce tendem a ser afectadas principalmente pela disponibilidade de oxigénio e luz. Em muitos aspectos, a luz é o recurso mais importante porque as algas fotossintéticas são a principal fonte de matéria orgânica e, consequentemente, de energia para o lago. Estes organismos são os produtores primários de um lago que suporta uma população de bactérias, protozoários, peixes e outros seres aquáticos. As algas fotossintéticas estão localizadas na zona limnética.

As áreas da zona limnética com oxigénio suficiente contêm pseudomonadas e espécies de *Cytophaga, Caulobacter* e *Hypholllicrobium.* O oxigénio não se difunde muito bem na água, como qualquer proprietário de aquário sabe. Os microrganismos que crescem em nutrientes em águas estagnadas consomem rapidamente o oxigénio dissolvido na água. Na água sem oxigénio, os peixes morrem e a atividade anaeróbica produz odores. A ação das ondas em camadas pouco profundas, ou o movimento da água nos rios, tende a aumentar a quantidade de oxigénio em toda a água e a ajudar no crescimento de populações aeróbicas de bactérias. O movimento melhora assim a qualidade da água e contribui para a degradação dos nutrientes poluentes.

As águas mais profundas das zonas profundas e bentónicas têm baixas concentrações de oxigénio e menos luz. O crescimento de algas perto da superfície filtra frequentemente a luz, e não é invulgar que os micróbios fotossintéticos nas zonas mais profundas utilizem comprimentos de onda de luz diferentes dos utilizados pelos fotossintetizantes da camada superficial. As bactérias sulfurosas roxas e verdes encontram-se na zona profunda. Estas bactérias são organismos fotossintéticos anaeróbios que metabolizam H2S em enxofre e sulfato nos sedimentos de fundo da zona bentónica. O sedimento na zona bentónica inclui bactérias como *Desulfovibrio* que utilizam o sulfato (SO/-) como acetor de electrões e o reduzem a H2S. As bactérias produtoras de metano também fazem parte destas populações bentónicas anaeróbias. Nos pântanos, marismas ou sedimentos de fundo, produzem gás metano. As espécies de *Clostridium* são comuns nos sedimentos de fundo e podem incluir organismos botulínicos, particularmente os que causam surtos de botulismo em aves aquáticas.

11.4 Microbiota da água do mar

À medida que o conhecimento da vida microbiana dos oceanos se expande, em grande parte identificada por métodos de ARN ribossómico, os biólogos estão a tornar-se mais conscientes da importância dos micróbios oceânicos. Uma das conclusões a que se chegou até agora foi que cerca de um terço de toda a vida no planeta é constituída por micróbios que vivem, não nas águas do oceano, mas sob o fundo do mar. Estes micróbios produzem quantidades imensas de gás metano que podem ser prejudiciais para o ambiente se forem libertados para a atmosfera. As populações de diferentes estirpes variam a diferentes profundidades, de acordo com as suas adaptações à luz solar disponível. Uma gota de água do mar pode conter 20.000 células de *Prochlorococcus*, uma esfera minúscula com menos de 0,7 flm de diâmetro. Esta população invisível de organismos microscópicos preenche os 100 metros superiores do oceano e exerce uma profunda influência na vida na Terra. O suporte da vida oceânica depende em grande parte desta vida microscópica fotossintética, o fitoplâncton marinho (um termo derivado do grego para plantas errantes).

Bactérias fotossintéticas como estas formam a base da cadeia alimentar oceânica. Em cada litro de água do mar, há biliões de bactérias fotossintéticas que duplicam o seu número em poucos dias e são consumidas aproximadamente ao mesmo ritmo por predadores microscópicos. Fixam dióxido de carbono para formar matéria orgânica que é eventualmente libertada como matéria orgânica dissolvida e é utilizada pelas bactérias heterotróficas do oceano. Uma cianobactéria, *Triclwdesmillm*, fixa o azoto e ajuda a repor o azoto que se perde à medida que os organismos se afundam nas profundezas oceânicas. Imensas populações de outra bactéria, *Pelagibacter ubique*, metabolizam os produtos residuais destas populações fotossintéticas. Bactérias de muitos tipos servem então como fonte de alimento particulado para uma série de consumidores cada vez maiores. Estes são, em primeiro lugar, os protozoários, que por sua vez são presas do zooplâncton multicelular. Este zooplâncton acaba por ser uma presa para os peixes. Grande parte do dióxido de carbono e dos nutrientes minerais libertados pela atividade metabólica das bactérias, dos protozoários e do zooplâncton é reciclada no fitoplâncton fotossintético. Em águas abaixo de cerca de 100 metros, os membros das Archaea começam a dominar a vida microbiana. Os membros planctónicos deste grupo do género *Crenarchaeota* são responsáveis por grande parte da biomassa microbiana dos oceanos. Estes organismos estão bem adaptados às temperaturas frias e aos baixos níveis de oxigénio das profundezas oceânicas. O seu carbono é principalmente derivado do CO_2 dissolvido, um aspeto da vida no fundo do mar. Muitas bactérias são luminescentes. E algumas estabeleceram relações simbióticas com peixes bentónicos. Estes peixes utilizam, por vezes, o brilho das suas bactérias residentes como auxílio para atrair e capturar presas na escuridão total das profundezas do oceano. Estes organismos bioluminescentes têm uma enzima chamada *luciferase* que capta electrões das flavoproteínas na cadeia de transporte de electrões e depois emite parte da energia do eletrão como um fotão de luz.

11.5O papel dos microorganismos na qualidade da água

A água na natureza raramente é totalmente pura. Mesmo a chuva está contaminada quando cai na Terra.

Poluição da água

A forma de poluição da água que mais nos interessa é a poluição microbiana, especialmente por organismos patogénicos. A transmissão de doenças infecciosas A água que se move abaixo da superfície do solo passa por uma filtragem que remove a maioria dos microorganismos. Por esta razão, a água de nascentes e poços profundos é geralmente de boa qualidade. A forma mais perigosa de poluição da água ocorre quando as fezes entram no abastecimento de água. Muitas doenças são perpetuadas pela via de transmissão fecal-oral, na qual um agente patogénico é libertado nas fezes humanas ou animais, contamina a água e é ingerido. Os Centros de Controlo e Prevenção de Doenças (CDC) estimam que, nos Estados Unidos, 900.000 pessoas adoecem todos os anos devido a infecções transmitidas pela água. A nível mundial, estima-se que as doenças transmitidas pela água sejam responsáveis por mais de 2 milhões de mortes por ano, principalmente entre crianças com menos de 5 anos. Isto equivale à queda de 20 jactos Jumbo todos os dias e representa cerca de 15% de todas as mortes de crianças neste grupo etário. Exemplos de tais doenças são a febre tifoide e a cólera, causadas por bactérias que são libertadas apenas nas fezes humanas. Há cerca de 100 anos, o *Journal of the American Medical Association* informou que a taxa de mortalidade por febre tifoide em Chicago tinha diminuído de 159,7 *por* 100.000 pessoas em 1891 para 31,4 por 100.000 em 1894. Este avanço na saúde pública tinha sido conseguido através da extensão das condutas de captação de água da cidade no Lago Michigan até uma distância de 4 milhas da costa. A revista médica comentou que isso diluía os esgotos que contaminavam a água de abastecimento, que na época não era tratada. Este mesmo artigo especulava sobre a necessidade de remover os microrganismos que causavam doenças específicas. Sugeriram a utilização de leitos filtrantes de areia, já muito utilizados na Europa nessa altura. A filtração em areia imita a purificação natural da água das nascentes. Poluição química A prevenção da contaminação química da água é um problema difícil. Os produtos químicos industriais e agrícolas lixiviados do solo entram na água em grandes quantidades e sob formas resistentes à biodegradação. As águas rurais têm frequentemente quantidades excessivas de nitratos provenientes de fertilizantes agrícolas. Quando ingerido, o nitrato é convertido em nitrito por bactérias no trato gastrointestinal. O nitrito compete pelo oxigénio no sangue e é especialmente suscetível de prejudicar os bebés. Um exemplo notável de poluição industrial da água envolveu o mercúrio nas águas residuais do fabrico de papel. O mercúrio metálico foi libertado nos cursos de água como resíduo. Partiu-se do princípio de que o mercúrio era inerte e permaneceria segregado nos sedimentos. No entanto, as bactérias presentes nos sedimentos converteram o mercúrio num composto químico solúvel, o metilmercúrio, que foi depois absorvido pelos peixes e invertebrados das águas. Quando esse marisco constitui uma parte substancial da dieta humana, as concentrações de mercúrio podem acumular-se com efeitos devastadores no sistema nervoso. A Food and Drug Administration (FDA) dos EUA aconselha as mulheres grávidas ou a amamentar a não comerem determinados peixes, incluindo o espadarte e o tubarão, que são susceptíveis de conter níveis elevados de mercúrio.

Outro exemplo de poluição química são os detergentes sintéticos desenvolvidos imediatamente após a Segunda Guerra Mundial. Estes substituíram rapidamente muitos dos sabões então utilizados. Como estes novos detergentes não eram biodegradáveis, acumularam-se rapidamente nos cursos de água. Nalguns rios, podiam ver-se grandes jangadas de espuma de detergente a viajar rio abaixo. Estes detergentes foram substituídos por formulações sintéticas biodegradáveis.

No entanto, os detergentes biodegradáveis continuam a representar um grande problema ambiental, uma vez que contêm frequentemente fosfatos. Infelizmente, os fosfatos passam quase inalterados pelos sistemas de esgotos e podem levar à eutrofização, que é causada por uma superabundância de nutrientes em lagos e riachos. Para compreender o conceito de eutrofização, lembre-se de que as algas e as cianobactérias obtêm a sua energia da luz solar e o seu carbono do dióxido de carbono dissolvido na água. Na maior parte das águas, apenas as reservas de azoto e fósforo são, portanto, inadequadas para o crescimento das algas. Estes dois nutrientes podem entrar na água a partir de resíduos domésticos, agrícolas e industriais quando o tratamento de resíduos é inexistente ou ineficiente. Estes nutrientes adicionais provocam densos crescimentos aquáticos, designados por proliferação de algas. Como muitas cianobactérias conseguem fixar o azoto da atmosfera, estas fazem fotossíntese através do excesso de nutrientes na água. A cor deve-se à pigmentação dos dinoflagelados.

Q Qual é a principal fonte de energia dos dinoflagelados que causam estas florescências aquáticas?

Os organismos necessitam apenas de raças t de fósforo para iniciarem os blooms. Uma vez que a eutrofização resulta em florescimentos de algas ou cianobactérias, o efeito final é o mesmo que adicionar matéria orgânica biodegradável. A curto prazo, estas algas e cianobactérias produzem oxigénio. No entanto, acabam por morrer e são degradadas por bactérias. Durante o processo de degradação, o oxigénio da água é consumido, matando os peixes. Os restos de matéria orgânica não degradada depositam-se no fundo e aceleram o enchimento do lago. Para além dos efeitos de eutrofização, este tipo de florescimento biológico pode afetar a saúde humana. Os mariscos, nomeadamente as amêijoas ou moluscos semelhantes que ingerem este plâncton, tornam-se tóxicos para o homem. Os resíduos municipais que contêm detergentes são provavelmente a principal fonte de fosfatos nos lagos e cursos de água. Consequentemente, os detergentes que contêm fosfatos e os fertilizantes para relvados são proibidos em muitos locais.

Os resíduos da extração de carvão, particularmente no leste dos Estados Unidos, têm um teor muito elevado de enxofre, principalmente de pirite ($FeS2$). No processo de obtenção de energia a partir da oxidação do ião ferroso (FeH), as bactérias convertem o FeS2 em sulfato. O sulfato entra nos cursos de água sob a forma de ácido sulfúrico, o que reduz o pH da água e prejudica a vida aquática. O baixo pH também promove a formação de hidróxidos de ferro insolúveis, que formam os precipitados amarelos frequentemente vistos a turvar essas águas poluídas.

11.6 Testes de pureza da água

Historicamente, a maior parte da nossa preocupação com a pureza da água tem estado relacionada com a transmissão de doenças. Por conseguinte, foram desenvolvidos testes para determinar a segurança da água; muitos destes testes são também aplicáveis aos critérios alimentares para um organismo indicador. O critério mais importante é que o micróbio esteja consistentemente presente nas fezes humanas em números substanciais, de modo a que a sua deteção seja uma boa indicação de que os resíduos humanos estão a entrar na água. Os organismos indicadores devem também sobreviver na água pelo menos tão bem como os agentes patogénicos. Os organismos indicadores devem ser detectáveis através de testes simples que possam ser efectuados por pessoas com relativamente pouca formação em microbiologia. Nos Estados Unidos, os organismos indicadores habituais na água doce são as *bactérias coliformes*. Os coliformes são definidos como bactérias aeróbias ou anaeróbias facultativas, gram-negativas, sem n- endosporos, em forma de bastonete, que fermentam a lactose para formar gás no prazo de 48 horas após terem sido colocadas em caldo de lactose a 35°C. Uma vez que alguns coliformes não são apenas bactérias entéricas, mas encontram-se mais frequentemente em amostras de plantas e de solo, muitas normas para alimentos e água especificam a identificação de *coliformes fecais*. O coliforme fecal predominante é a *E. coli*, que constitui uma grande proporção da população intestinal humana. Existem testes especializados para distinguir os coliformes fecais dos coliformes não fecais. Note que os coliformes não são patogénicos em condições normais, embora algumas estirpes possam causar diarreia e infecções oportunistas do trato urinário.

Os métodos de determinação da presença de coliformes na água baseiam-se em grande medida na capacidade de fermentação da lactose das bactérias coliformes. O método de tubos múltiplos pode ser utilizado para estimar o número de coliformes pelo método do número mais provável (M PN). O método de filtração por membrana é um método mais direto para determinar a presença e o número de coliformes. Este é possivelmente o método mais utilizado na América do Norte e na Europa. No entanto, nesta aplicação, as bactérias recolhidas na superfície de um filtro de membrana amovível são colocadas num meio adequado e incubadas. As colónias de coliformes têm um aspeto caraterístico e são contadas. Este método é adequado para águas de baixa turbidez, que não obstruem o filtro e têm relativamente poucas bactérias não coliformes que poderiam mascarar os resultados. Os coliformes produzem a enzima p- galactosidase, que actua sobre o ONPG e forma uma cor amarela, indicando a sua presença na amostra. *A E. coli* é a única entre os coliformes que produz quase sempre a enzima p-glucuronidase, que actua sobre o MUG para formar uma cor fluorescente.

Estes testes simples, ou variantes dos mesmos, podem detetar a presença ou ausência de coliformes ou *E. coli* e podem ser combinados com o método de tubos múltiplos para os enumerar. Pode também ser aplicado a meios sólidos, como no método de filtração por membrana. As colónias fluorescem à luz UV.

Os coliformes têm sido muito úteis como organismos indicadores no saneamento da água, mas têm limitações. Um problema é o crescimento de bactérias coliformes incorporadas em biofilmes nas superfícies internas dos canos de água. Estes coliformes não representam, portanto, uma contaminação fecal externa da água e não são considerados uma ameaça à saúde pública. As normas que regem a presença de coliformes na água potável exigem que qualquer amostra de água positiva seja comunicada e, ocasionalmente, estes coliformes indígenas foram detectados. Este facto deu origem a ordens comunitárias desnecessárias para ferver a água. Um problema mais grave é que alguns agentes patogénicos, especialmente vírus e cistos e oocistos de protozoários, são mais resistentes do que os coliformes à desinfeção química. Através da utilização de métodos sofisticados de deteção de vírus, verificou-se que as amostras de água desinfectadas quimicamente e isentas de coliformes estão frequentemente contaminadas com vírus entéricos. Os quistos de Giardia *lamblia* e os oocistos de *Cryptosporidillln* são tão resistentes à cloração que a sua eliminação completa por este método é provavelmente impraticável; são necessários métodos mecânicos como a filtração. Uma regra geral para a cloração é que os vírus são mais resistentes ao tratamento do que a *E. coli* e que os quistos de *Cryptosporidium* e *Giardia* são 100 vezes mais resistentes do que os vírus.

11.7.   Tratamento da água

Quando a água é obtida de reservatórios não contaminados alimentados por cursos de água límpidos das montanhas ou de poços profundos, necessita de um tratamento mínimo para se tornar segura para beber. Muitas cidades, no entanto, obtêm a sua água de fontes muito poluídas, tais como rios que receberam resíduos municipais e industriais a montante. O tratamento da água não tem por objetivo produzir água estéril, mas sim água isenta de micróbios causadores de doenças.

11.8.   Coagulação e filtração

A água muito turva (turva) é deixada num reservatório de retenção durante algum tempo para permitir que a maior quantidade possível de partículas em suspensão se deposite. A água é então submetida a osculação, a remoção de materiais coloidais, como argila, que é tão pequena que, de outra forma, permaneceria em suspensão indefinidamente. Um produto químico inoculante, como o sulfato de alumínio e potássio (alúmen), forma agregados de partículas finas em suspensão chamados flocos. À medida que estes agregados assentam lentamente, prendem o material coloidal e transportam-no para o fundo. Um grande número de vírus e bactérias são também removidos desta forma. O alúmen foi utilizado para limpar a água lamacenta dos rios durante a primeira metade do século XIX nas fortalezas militares do Oeste americano, muito antes do desenvolvimento da teoria germinal da doença. Após a floculação, a água é tratada por filtração - isto é, passando-a por leitos de 2 a 4 pés de areia fina ou carvão antracite triturado. Como mencionado anteriormente, alguns cistos e oocistos de protozoários são removidos da água apenas por esse tratamento de filtração. Os microrganismos são retidos principalmente por adsorção superficial nas partículas de areia. Não penetram no percurso tortuoso entre as partículas, embora as aberturas possam ser maiores do que os micróbios que são filtrados. Estes filtros são periodicamente lavados para eliminar as acumulações. Os sistemas de água das cidades que têm uma preocupação excecional com os produtos químicos tóxicos complementam a filtragem de areia com filtros de carvão ativado (carbono). O carvão vegetal remove não só as partículas, mas também a maioria dos poluentes químicos orgânicos dissolvidos. Uma estação de tratamento de água que funcione corretamente removerá os vírus (que são mais difíceis de remover do que as bactérias e os protozoários) com uma eficiência de cerca de 99,5%.

11.9.   Desinfeção

Antes de entrar no sistema de distribuição municipal, a água filtrada é clorada. Uma vez que a matéria orgânica neutraliza o cloro, os operadores das instalações têm de prestar atenção constante à manutenção de níveis efectivos de cloro. Tem havido alguma preocupação de que o cloro em si possa ser um perigo para a saúde porque pode reagir com contaminantes orgânicos da água para formar compostos carcinogénicos. Atualmente, esta possibilidade é considerada um risco aceitável quando comparado com a utilidade comprovada da cloração da água. Outro desinfetante da água é o tratamento com ozono. O ozono é uma forma altamente reactiva de oxigénio que é formada por descargas de faíscas eléctricas e luz UV. (O odor fresco do ar após uma tempestade eléctrica ou à volta de uma lâmpada de luz UV provém do ozono). O ozono para o tratamento da água é gerado eletricamente no local de tratamento. O tratamento com ozono também é valorizado porque não deixa sabor ou odor. Como tem pouco efeito residual, o ozono é normalmente utilizado como tratamento desinfetante primário e é seguido de cloração. A utilização de luz UV é também um suplemento ou uma alternativa à desinfeção química. As lâmpadas de tubo ultravioleta são dispostas de modo a que a água flua perto delas. Isto é necessário devido ao baixo poder de penetração da radiação UV.

11.10.   Tratamento de esgotos (águas residuais)

Os esgotos, ou águas residuais, incluem toda a água de um agregado familiar que é utilizada para a lavagem e os resíduos da casa de banho. A água da chuva que corre para os esgotos das ruas e alguns resíduos industriais entram no sistema de esgotos em muitas cidades. As águas residuais são maioritariamente água e contêm poucas partículas, talvez apenas 0,03%. Mesmo assim, nas grandes cidades, a parte sólida dos esgotos pode totalizar mais de 1000 toneladas de material sólido por dia. Até que a consciência ambiental se intensificasse, um número surpreendente de grandes cidades americanas tinha apenas um sistema rudimentar de tratamento de esgotos ou nenhum sistema, e os esgotos, não tratados ou quase tratados, eram simplesmente descarregados nos rios ou oceanos. Um curso de água corrente e bem arejado é capaz de se auto-purificar consideravelmente.

Por conseguinte, até que as populações em expansão e os seus resíduos excedessem esta capacidade, este tratamento ocasional dos resíduos municipais não causou problemas. Nos Estados Unidos, a maioria dos casos de descarga simples foi melhorada. Mas o mesmo não se passa em grande parte do mundo. Muitas das comunidades ribeirinhas do Mediterrâneo despejam as suas águas residuais não tratadas no mar. Numa estância turística asiática, um hotel afixou instruções para que não se deitasse papel higiénico nas casas de banho - presumivelmente porque o papel a flutuar tornaria claro que as saídas de esgotos estavam perto da praia. Em zonas da Europa e da África do Sul onde o turismo é essencial para a economia, as administrações locais estão a tentar tranquilizar os visitantes quanto à qualidade das águas balneares com a campanha da Bandeira Azul. A presença da bandeira indica que as águas costeiras cumprem determinadas normas mínimas de saneamento.

1. Tratamento primário de águas residuais

O primeiro passo habitual no tratamento de águas residuais é designado por tratamento primário de águas residuais. Neste processo, os materiais flutuantes de grandes dimensões presentes nas águas residuais recebidas são filtrados, as águas residuais são deixadas a fluir através de câmaras de decantação para remover areia e material arenoso semelhante, os skimmers removem o óleo e a gordura flutuantes e os detritos flutuantes são triturados e moídos.

Após esta etapa, as águas residuais passam por tanques de sedimentação, onde mais matéria sólida é eliminada. Os sólidos das águas residuais que se acumulam no fundo são designados por lamas - nesta fase, *lamas primárias*. Cerca de 40 a 60% dos sólidos em suspensão são removidos das águas residuais através deste tratamento de sedimentação, sendo por vezes adicionados nesta fase produtos químicos floculantes que aumentam a remoção de sólidos. A atividade biológica não é particularmente importante no tratamento primário, embora possa ocorrer alguma digestão das lamas e da matéria orgânica dissolvida durante longos períodos de retenção. As lamas são removidas de forma contínua ou intermitente e o efluente (o líquido que sai) é então submetido a um tratamento secundário.

2. Carência bioquímica de oxigénio

Um conceito importante no tratamento de águas residuais e na ecologia geral da gestão de resíduos, a carência bioquímica de oxigénio (CBO) é uma medida da matéria orgânica biologicamente degradável na água. O tratamento primário elimina cerca de 25 a 35% da CBO das águas residuais. A CBO é determinada pela quantidade de oxigénio necessária às bactérias para metabolizar a matéria orgânica. O método clássico de medição consiste na utilização de garrafas especiais com rolhas herméticas. Cada garrafa é primeiro enchida com água de ensaio ou diluições. A água é inicialmente arejada para fornecer um nível relativamente elevado de oxigénio dissolvido e é semeada com bactérias, se necessário. As garrafas cheias são incubadas no escuro durante 5 dias a 20°C, e a diminuição do oxigénio dissolvido é determinada por um método de teste químico ou eletrónico. Quanto mais oxigénio for consumido à medida que as bactérias degradam a matéria orgânica na amostra, maior é o CBO, que é normalmente expresso em miligramas de oxigénio por litro de água. A quantidade de oxigénio que normalmente pode ser dissolvida na água é de apenas cerca de 10 mg/litro; os valores típicos de CBO das águas residuais podem ser 20 vezes superiores a esta quantidade. Se estas águas residuais entrarem num lago, por exemplo, as bactérias no lago começam a consumir a matéria orgânica responsável pela elevada CBO, esgotando rapidamente o oxigénio na água do lago.

3. Tratamento secundário de águas residuais

Após o tratamento primário, a maior parte da CBO remanescente nas águas residuais encontra-se sob a forma de matéria orgânica dissolvida. O tratamento secundário das águas residuais, predominantemente biológico, tem por objetivo eliminar a maior parte desta matéria orgânica e reduzir a CBO. Neste processo, as águas residuais são sujeitas a um forte arejamento para incentivar o crescimento de bactérias aeróbias e outros microrganismos que oxidam a matéria orgânica dissolvida em dióxido de carbono e água. Dois métodos de tratamento secundário comummente utilizados são os sistemas de lamas activadas e os filtros de gotejamento. Nos tanques de arejamento de um sistema de lamas activadas, o ar ou o oxigénio puro é passado através dos eminentes do tratamento primário. O nome deriva da prática de adicionar algumas das lamas de um lote anterior às águas residuais que entram. Este inóculo é designado por lamas *activadas* porque contém um grande número de micróbios metabolizadores de águas residuais. A atividade destes microrganismos aeróbicos oxida grande parte da matéria orgânica das águas residuais em dióxido de carbono e água. Os membros especialmente importantes desta comunidade microbiana são espécies de bactérias *Zoogloea*, que formam massas contendo bactérias no arejamento, tanques chamados flocos ou *grânulos de lamas*. A matéria orgânica solúvel das águas residuais é incorporada no floco e nos seus microrganismos. O arejamento é interrompido ao fim de 4 a 8 horas e o conteúdo do tanque é transferido para um tanque de decantação, onde o floco se deposita, removendo grande parte da matéria orgânica. Estes sólidos são subsequentemente tratados num digestor anaeróbio de lamas, que será descrito brevemente. Provavelmente, é removida mais matéria orgânica por este processo de sedimentação do que pela oxidação aeróbia de relativamente curta duração por micróbios.

Ocasionalmente, as lamas flutuam em vez de se depositarem; este fenómeno é designado por "bulking". Quando isto acontece, a matéria orgânica no floco flui para fora com o emuente de descarga, resultando em poluição local. O bulking é causado pelo crescimento de bactérias filamentosas de vários tipos; as espécies são infractores frequentes. Os sistemas de lamas activadas são bastante eficientes: removem 75 a 95% da CBO das águas residuais. Os filtros de decantação são o outro método de tratamento secundário comummente utilizado. Neste método, as águas residuais são pulverizadas sobre um leito de pedras ou de plástico moldado. Os componentes do leito devem ser suficientemente grandes para que o ar penetre no fundo, mas suficientemente pequenos para maximizar a área de superfície disponível para a atividade microbiana. Um biofilme de micróbios aeróbicos cresce nas superfícies de rocha ou de plástico. Como o ar circula por todo o leito rochoso, estes microrganismos aeróbicos na camada de lodo podem oxidar grande parte da matéria orgânica que escorre pelas superfícies em dióxido de carbono e água. Os filtros de gotejamento removem 80 a 85% da CBO, pelo que são geralmente menos eficientes do que os sistemas de lamas activadas.

No entanto, são geralmente menos incómodos de operar e têm menos problemas de sobrecargas ou de esgotos tóxicos. Note que as lamas são também um produto dos sistemas de filtros de gotejamento. Outra conceção baseada em biofilme para o tratamento secundário de águas residuais é o sistema de contactor biológico rotativo. Trata-se de uma série de discos com vários metros de diâmetro, montados num eixo. Os discos rodam lentamente, com os seus 40% inferiores submersos nas águas residuais. A rotação proporciona arejamento e contacto entre o biofilme nos discos e as águas residuais. A rotação também tende a fazer com que o biofilme acumulado se desprenda quando se torna demasiado espesso. Isto é aproximadamente o equivalente à acumulação de flocos nos sistemas de lamas activadas.

4. Desinfeção e libertação

As águas residuais tratadas são desinfectadas, geralmente por cloração, antes de serem descarregadas. A descarga é normalmente feita num oceano ou em cursos de água, embora por vezes se utilizem campos de irrigação por pulverização para evitar a contaminação dos cursos de água com fósforo e metais pesados. As águas residuais podem ser tratadas até um nível de pureza que permita a sua utilização como água potável. Esta é a prática atual em algumas cidades de zonas áridas dos Estados Unidos e será provavelmente alargada. Num sistema típico, o esgoto tratado é filtrado para remover partículas microscópicas em suspensão e depois passa por um sistema de purificação por osmose inversa para remover os microorganismos. Os microrganismos remanescentes são mortos por exposição à luz UV ou a outros desinfectantes.

5. Digestão de lamas

As lamas primárias acumulam-se nos tanques de sedimentação primários; as lamas também se acumulam nas lamas activadas e nos tratamentos secundários dos filtros de gotejamento. Para tratamento posterior, estas lamas são frequentemente bombeadas para digestores anaeróbios de lamas. O processo de digestão das lamas é realizado em grandes tanques dos quais o oxigénio é quase completamente excluído. No tratamento secundário, a tónica é colocada na manutenção de condições aeróbias, de modo a que a carga orgânica seja convertida em dióxido de carbono, água e sólidos que possam assentar. Um digestor anaeróbio de lamas, no entanto, é concebido para encorajar o crescimento de bactérias anaeróbias, especialmente bactérias produtoras de metano, que diminuem estes sólidos orgânicos degradando-os em substâncias solúveis e gases, principalmente metano (60-70%) e dióxido de carbono (20-30%). O metano e o dióxido de carbono são produtos finais relativamente inócuos, comparáveis ao dióxido de carbono e à água do tratamento aeróbio. O metano é habitualmente utilizado como combustível para o aquecimento do digestor e é também frequentemente utilizado para fazer funcionar o equipamento elétrico da instalação. Existem essencialmente três fases na atividade de um digestor anaeróbio de lamas. A primeira fase consiste na produção de dióxido de carbono e de ácidos orgânicos a partir da fermentação anaeróbia das lamas por vários microrganismos anaeróbios e facultativamente anaeróbios. Na segunda fase, os ácidos orgânicos são metabolizados para formar hidrogénio e dióxido de carbono, bem como ácidos orgânicos como o ácido acético. Estes produtos são as matérias-primas para uma terceira fase, na qual as bactérias produtoras de metano produzem metano (CH_4). A maior parte do metano é derivada da redução energética do dióxido de carbono pelo gás hidrogénio: Outros micróbios produtores de metano dividem o ácido acético (CH) COOH) para produzir metano e dióxido de carbono: ácido. Após a conclusão da digestão anaeróbia, restam ainda grandes quantidades de lamas não digeridas, embora sejam relativamente estáveis e inertes. Para reduzir o seu volume, estas lamas são bombeadas para leitos de secagem pouco profundos ou para filtros de extração de água. Após esta etapa, as lamas podem ser utilizadas para deposição em aterro ou como corretivo do solo, por vezes sob a designação de *biossólidos*. As lamas são classificadas em duas classes: classe. As lamas de classe A não contêm agentes patogénicos detectáveis e as lamas de classe B são tratadas apenas para reduzir o número de agentes patogénicos abaixo de determinados níveis. A maioria das lamas é de classe B e o acesso do público aos locais de aplicação é limitado. As lamas têm cerca de um quinto do valor de crescimento dos fertilizantes comerciais normais para relvados, mas têm qualidades desejáveis de condicionamento do solo, tal como o húmus e a cobertura vegetal. Um problema potencial é a contaminação com metais pesados que são tóxicos para as plantas.

6. Fossas sépticas

As casas e as empresas em áreas de baixa densidade populacional que não estão ligadas a sistemas de esgotos municipais utilizam frequentemente uma fossa séptica, um dispositivo cujo funcionamento é semelhante, em princípio, ao tratamento primário. As águas residuais entram num tanque de retenção e os sólidos em suspensão sedimentam-se. O lodo no tanque deve ser bombeado periodicamente e eliminado. O efluente flui através de um sistema de tubagem perfurada para um campo de lixiviação (drenagem do solo). O efluente que entra no solo é decomposto por microorganismos do solo. A ação microbiana necessária para o bom funcionamento de uma fossa séptica pode ser prejudicada por quantidades excessivas de produtos como sabões antibacterianos, desentupidores de canos, medicamentos, produtos de limpeza de sanitas "cada descarga" e lixívia. Estes sistemas funcionam bem quando não estão sobrecarregados e quando o sistema de drenagem está corretamente dimensionado para a carga e o tipo de solo. Os solos argilosos pesados requerem sistemas de drenagem extensos devido à fraca permeabilidade do solo. A elevada porosidade dos solos arenosos pode resultar na poluição química ou bacteriana das fontes de água próximas.

7. Lagoas de oxidação

Muitas indústrias e pequenas comunidades usam lagoas de oxidação, também chamadas de *lagoas* ou *lagoas de estabilização*, para o tratamento de água. A sua construção e funcionamento são pouco dispendiosos, mas requerem grandes áreas de terreno. Os projectos variam, mas a maioria incorpora duas fases. A primeira fase é análoga ao tratamento primário; a lagoa de esgotos é suficientemente profunda para que as condições sejam quase totalmente anaeróbias. As lamas depositam-se nesta fase. Na segunda fase, que corresponde aproximadamente ao tratamento secundário, o efluente é bombeado para uma lagoa adjacente ou para um sistema de lagoas suficientemente pouco profundas para serem arejadas pela ação das ondas. Uma vez que é difícil manter condições aeróbias para o crescimento bacteriano em tanques com tanta matéria orgânica, o crescimento de algas é encorajado para produzir oxigénio. A ação das bactérias na decomposição da matéria orgânica dos resíduos gera dióxido de carbono. As algas, que utilizam o dióxido de carbono no seu metabolismo fotossintético, crescem e produzem oxigénio, o que, por sua vez, estimula a atividade dos micróbios aeróbicos nas águas residuais. Acumulam-se grandes quantidades de matéria orgânica sob a forma de algas, mas isso não é um problema porque a lagoa de oxidação, ao contrário de um lago, já tem uma grande carga de nutrientes. Algumas pequenas operações de produção de águas residuais, tais como parques de campismo isolados e áreas de descanso em auto-estradas, utilizam uma *vala de oxidação* para o tratamento das águas residuais. Neste método, um pequeno canal oval com a forma de uma pista de corridas é enchido com água de esgoto. Uma roda de pás semelhante à de um antigo barco a vapor do Mississipi, mas num local fixo, impulsiona a água num fluxo autónomo suficientemente arejado para oxidar os resíduos.

8. Tratamento terciário de águas residuais

Como já vimos, os tratamentos primário e secundário das águas residuais não eliminam toda a matéria orgânica biologicamente degradável. Quantidades de matéria orgânica que não sejam excessivas podem ser lançadas num curso de água sem causar problemas graves. Eventualmente, porém, as pressões do aumento da população podem aumentar os resíduos para além da capacidade de carga de uma massa de água, podendo ser necessários tratamentos adicionais. Mesmo atualmente, os tratamentos primário e secundário são inadequados em determinadas situações, como quando o efluente é descarregado em pequenos cursos de água ou lagos de recreio. Por isso, algumas comunidades desenvolveram estações de tratamento de águas residuais terciárias. O Lago Tahoe, nas montanhas da Sierra Nevada, rodeado por um extenso desenvolvimento, é o local de um dos mais conhecidos sistemas de tratamento terciário de águas residuais. Sistemas semelhantes são utilizados para tratar os resíduos que entram na parte sul da Baía de São Francisco. O efluente das estações de tratamento secundário contém alguma CBO residual. Contém também cerca de 50% do azoto original e 70% do fósforo original, o que pode afetar grandemente o ecossistema de um lago. O tratamento terciário destina-se a remover essencialmente toda a CBO, o azoto e o fósforo. O tratamento terciário depende menos do tratamento biológico do que dos tratamentos físicos e químicos. O fósforo é precipitado por combinação com produtos químicos como a cal, o alúmen e o cloreto férrico. Os filtros de areias finas e carvão ativado removem pequenas partículas e produtos químicos dissolvidos. O azoto é convertido em amoníaco e descarregado para o ar em torres de decapagem. Alguns sistemas incentivam as bactérias desnitrificantes a formar azoto gasoso volátil. Finalmente, a água purificada é clorada.

O tratamento terciário fornece água adequada para consumo, mas o processo é extremamente dispendioso. O tratamento secundário é menos dispendioso, mas a água que foi submetida apenas a um tratamento secundário ainda contém muitos poluentes aquáticos. Muito trabalho está a ser feito para conceber estações de tratamento secundário em que o efluente possa ser utilizado para irrigação. Esta conceção eliminaria uma fonte de poluição da água, forneceria nutrientes para o crescimento das plantas e reduziria a procura de fontes de água já escassas. O solo em que esta água é aplicada actuaria como um filtro de gotejamento para remover produtos químicos e microrganismos antes de a água chegar aos lençóis freáticos e às fontes de água de superfície.

Perguntas de revisão

1. Defina a microbiologia ambiental
2. Quais são as principais fontes de poluição da água?
3. Como pode examinar a qualidade da água
4. Defina o organismo indicador
5. Para que serve o coliforme total no teste de pureza da água?
6. Quais são os critérios padrão para selecionar o organismo indicador?

12. Microbiologia alimentar e industrial

Muitos dos métodos de conservação de alimentos utilizados atualmente foram provavelmente descobertos por acaso em séculos passados. As pessoas das culturas primitivas observaram que a carne seca e o peixe salgado resistiam à decomposição. Os nómadas devem ter reparado que o leite animal acidificado resistia à decomposição e continuava a ser saboroso. Além disso, se a coalhada do leite coalhado fosse prensada para remover a humidade e deixada a amadurecer (na realidade, o fabrico de queijo), era ainda mais eficazmente preservada e tinha um sabor melhor. Os agricultores aprenderam rapidamente que, se os cereais fossem mantidos secos, não se tornavam bolorentos.

12.1. Alimentos e doenças

À medida que mais produtos alimentares são preparados em instalações centrais e amplamente distribuídos, é cada vez mais provável que os alimentos, tal como o abastecimento de água municipal, possam ser uma fonte de surtos de doenças generalizadas. Para minimizar o potencial de surtos de doenças, as comunidades criaram agências locais cujo papel é inspecionar as fábricas de lacticínios e os restaurantes. A Food and Drug Administration (FDA) e o Department of Agriculture (USDA) dos Estados Unidos também mantêm um sistema de inspectores nos portos e nos locais de processamento central. Um desenvolvimento recente neste domínio foi a introdução do sistema de Análise de Perigos e Pontos Críticos de Controlo (HACCP), que se destina a salvaguardar os alimentos "da exploração agrícola até à mesa". Antes da introdução do sistema HACCP, o principal papel das agências governamentais era efetuar a amostragem para identificar alimentos contaminados. Essa amostragem para identificar a contaminação continuará a ter o seu lugar, mas o sistema HACCP foi concebido para evitar a contaminação, identificando os pontos em que os alimentos têm maior probabilidade de serem contaminados com micróbios nocivos. A monitorização destes pontos de controlo pode evitar a introdução de tais micróbios ou, caso estejam presentes, travar a sua proliferação. Por exemplo, o sistema HACCP pode identificar os passos durante o processamento em que as carnes são susceptíveis de serem contaminadas pelo conteúdo intestinal do animal. O sistema HACCP também requer a monitorização de temperaturas adequadas para matar os agentes patogénicos durante a transformação e temperaturas de armazenamento adequadas para impedir a sua reprodução.

12.2.   Conserva industrial de alimentos

O desafio do enlatamento comercial consiste em utilizar a quantidade certa de calor necessária para matar os organismos de deterioração e os micróbios perigosos, tais como o *Clostridium botulinum* formador de endosporos, sem degradar o aspeto e a palatabilidade dos alimentos. Assim, muita investigação é aplicada para determinar o tratamento térmico mínimo exato que irá atingir estes dois objectivos. O enlatamento industrial de alimentos é muito mais sofisticado tecnicamente do que o enlatamento doméstico. Os produtos enlatados industrialmente são submetidos ao que se designa por esterilização comercial por vapor sob pressão numa retorta de grandes dimensões, que funciona segundo o mesmo princípio que um autoclave. A esterilização comercial destina-se a destruir os endosporos do C. *botulism* e não é tão rigorosa como a esterilização completa. O raciocínio é que se *os endosporos* de C. *botulism* forem destruídos, então quaisquer outras bactérias patogénicas ou de deterioração significativas também serão destruídas. Para assegurar a esterilização comercial, é aplicado calor suficiente para o tratamento 120, através do qual uma população teórica de endosporos de C. *botulism* seria reduzida em 12 ciclos logarítmicos. Algumas bactérias termofílicas formadoras de endosporos têm endosporos mais resistentes ao tratamento térmico do que os do C. *botulism*. No entanto, estas bactérias são termófilas obrigatórias e geralmente permanecem inactivas a temperaturas inferiores a cerca de 45°C. Por conseguinte, não constituem um problema de deterioração a temperaturas normais de armazenamento.

12.3.   Deterioração de alimentos enlatados

Se os alimentos enlatados forem incubados a temperaturas elevadas, tais como num camião ao sol quente ou junto a um radiador a vapor, as bactérias termofílicas que frequentemente sobrevivem à esterilização comercial podem germinar e crescer. A deterioração anaeróbia termofílica é, portanto, uma causa bastante comum de deterioração em alimentos enlatados de baixa acidez. A lata geralmente incha devido ao gás e o conteúdo tem um pH reduzido e um odor azedo. Várias espécies termofílicas de *Clostridillm podem* causar este tipo de deterioração. Quando a deterioração termofílica ocorre mas a lata não incha devido à produção de gás, a deterioração é denominada deterioração azeda plana. Muitas indústrias têm normas para o número de bactérias termofílicas permitidas nas matérias-primas. Ambos os tipos de deterioração ocorrem apenas quando as latas são armazenadas a temperaturas superiores às normais, o que permite o crescimento de bactérias cujos endosporos não são destruídos pelo processamento normal. As bactérias mesófilas podem estragar os alimentos enlatados se o alimento for mal processado ou se houver fugas na lata. É mais provável que o sub-processamento resulte em deterioração por formadores de endosporos; a presença de bactérias não formadoras de endosporos sugere fortemente que a lata está a vazar. As latas com fugas são frequentemente contaminadas durante o arrefecimento das latas após o processamento pelo calor. As latas quentes são pulverizadas com água de arrefecimento ou passam por uma calha cheia de água. À medida que a lata arrefece, forma-se um vácuo no seu interior e a água exterior pode ser sugada através de uma fuga que ultrapassa o vedante amolecido pelo calor na tampa frisada. As bactérias contaminantes presentes na água de arrefecimento são arrastadas para dentro da lata com a água. A deterioração por putrefação, pelo menos nos alimentos ricos em proteínas, ocorre a temperaturas normais de armazenamento. Nestes tipos de deterioração, existe sempre a possibilidade de estarem presentes bactérias botulínicas. Alguns alimentos ácidos, tais como os tomates ou os frutos em conserva, são conservados a temperaturas de processamento baixas ou inferiores. O raciocínio é que os únicos organismos de deterioração que se desenvolvem nesses alimentos ácidos são facilmente mortos até mesmo por temperaturas de 100Qe. Trata-se principalmente de bolores, leveduras e certas bactérias vegetativas. Ocasionalmente, os problemas em alimentos ácidos desenvolvem-se a partir de alguns microrganismos que são resistentes ao calor e tolerantes ao ácido.

Embalagem asséptica

A utilização de embalagens assépticas para conservar alimentos tem vindo a aumentar recentemente. As embalagens são geralmente feitas de algum material que não tolera o tratamento térmico convencional, como papel laminado ou plástico. Os materiais de embalagem vêm em rolos contínuos que são introduzidos numa máquina que esteriliza o material com uma solução quente de peróxido de hidrogénio, por vezes com a ajuda de luz ultravioleta (UV). Os recipientes metálicos podem ser esterilizados com vapor sobreaquecido ou outros métodos de alta temperatura. Também podem ser utilizados feixes de electrões de alta energia para esterilizar os materiais de embalagem. Ainda no ambiente estéril, o material é formado em embalagens, que são então preenchidas com alimentos líquidos que foram convencionalmente esterilizados pelo calor. A embalagem cheia não é esterilizada após ser selada.

Radiação e conservação industrial de alimentos

Há muito que se reconhece que a irradiação é letal para os microrganismos;

de facto, foi emitida uma patente na Grã-Bretanha em 1905 para a utilização de radiação ionizante para melhorar o estado dos géneros alimentícios. Os raios X foram especificamente sugeridos em 1921 como uma forma de inativar as larvas na carne de porco que são a causa da triquinelose. A irradiação ionizante inibe a síntese de ADN e impede eficazmente a reprodução de microrganismos, insectos e plantas. A irradiação ionizante é normalmente constituída por raios X ou por raios gama produzidos pelo cobalto-60 radioativo. Até determinados níveis de energia, são também utilizados electrões de alta energia produzidos por aceleradores de electrões. A principal diferença prática reside na capacidade de penetração.

Estas fontes inactivam os organismos alvo e *não* induzem radioatividade nos alimentos ou no material de embalagem. Uma utilização especializada da irradiação tem sido a esterilização de carnes consumidas pelos astronautas americanos, e algumas unidades de saúde têm utilizado seletivamente a irradiação para esterilizar alimentos ingeridos por doentes imunocomprometidos. Os milhões de dispositivos médicos implantados, como os pacemakers, foram irradiados. Os alimentos irradiados são marcados nos Estados Unidos com um símbolo de radiação e um aviso impresso. Infelizmente, este símbolo tem sido frequentemente interpretado como um aviso e não como a descrição de um tratamento ou conservante aprovado. De facto, os alimentos irradiados não são radioactivos; considere que a mesa de raios X de um hospital não se torna radioactiva devido à exposição diária repetida à radiação ionizante. Recentemente, a FDA permitiu, mediante aprovação especial, a substituição de "pasteurização" por "irradiação". Quando a penetração profunda é um requisito, o método preferido para a irradiação são os raios gama produzidos pelo cobalto-60. No entanto, este tipo de tratamento requer várias horas de exposição em isolamento atrás de paredes protectoras. Os aceleradores de electrões de alta energia são muito mais rápidos e esterilizam em poucos segundos, mas este tratamento tem um baixo poder de penetração e só é adequado para carnes fatiadas, bacon ou produtos finos semelhantes. Além disso, os artigos de plástico utilizados em microbiologia são normalmente esterilizados desta forma. Outra aplicação recente é a irradiação de correio para matar possíveis agentes de bioterrorismo que possa conter, como endosporos de antraz.

Conservação de alimentos a alta pressão

Um desenvolvimento recente na conservação de alimentos tem sido a utilização de uma técnica de processamento de alta pressão. Alimentos pré-embalados, como frutas, carnes frias e tiras de frango pré-cozidas, são submersos em tanques de água pressurizada. A pressão pode chegar a 87.000 libras por polegada quadrada (psi) - o que foi comparado ao equivalente a cerca de três elefantes parados numa moeda de dez centavos. Este processo mata muitas bactérias, tais como *Salmollella, Listeria* e estirpes patogénicas de *E. coli,* interrompendo muitas funções celulares. Também mata microrganismos não patogénicos que tendem a encurtar o prazo de validade destes produtos. Uma vez que o processo não requer aditivos, não necessita de aprovação regulamentar. Tem a vantagem de preservar as cores e os sabores dos alimentos melhor do que muitos outros métodos e não provoca as preocupações da irradiação.

Microrganismos na produção de alimentos

No final do século XIX, os micróbios utilizados na produção de alimentos foram cultivados em cultura pura pela primeira vez. Este desenvolvimento levou rapidamente a uma melhor compreensão das relações entre micróbios específicos e os seus produtos e actividades. Este período pode ser considerado o início da microbiologia alimentar industrial. Por exemplo, quando se compreendeu que determinadas leveduras, cultivadas em determinadas condições, produziam cerveja e que determinadas bactérias podiam estragar a cerveja, os fabricantes de cerveja puderam controlar melhor a qualidade dos seus produtos. Indústrias específicas tornaram-se activas na investigação microbiológica e seleccionaram certos micróbios pelas suas qualidades especiais. A indústria cervejeira investigou extensivamente o isolamento e a identificação de leveduras e seleccionou aquelas que podiam produzir mais álcool. Nesta secção, discutiremos o papel dos microrganismos na produção de vários alimentos comuns.

Queijo

Os Estados Unidos são líderes mundiais no fabrico de queijo, produzindo milhões de toneladas todos os anos. Embora existam muitos tipos de queijos, todos requerem a formação de uma coalhada, que pode ser separada da fração líquida principal, ou soro de leite. A coalhada é composta por uma proteína, a caseína, e é geralmente formada pela ação de uma enzima, a renina (ou quimosina), que é auxiliada por condições ácidas proporcionadas por certas bactérias produtoras de ácido lático. Estas bactérias lácticas inoculadas também fornecem os sabores e aromas característicos dos produtos lácteos fermentados durante o processo de maturação. A coalhada é submetida a um processo de maturação microbiana, exceto em alguns queijos não maturados, como a ricota e o queijo cottage. Os queijos são geralmente classificados pela sua dureza, que é produzida no processo de maturação. Quanto maior for a perda de humidade da coalhada e quanto mais a coalhada for comprimida, mais duro será o queijo. Os queijos Romano e Parmesão, por exemplo, são classificados como queijos muito duros; o Cheddar e o Suíço são queijos duros. Os queijos Limburger, Azul e Roquefort são classificados como semi-moles; o Camembert é um exemplo de queijo mole. Os queijos cheddar e suíço duros são curados por bactérias de ácido lático que crescem anaerobicamente no interior. Estes queijos duros, curados no interior, podem ser bastante grandes. Quanto maior for o tempo de incubação, maior será a acidez e mais acentuado será o sabor do queijo. Uma espécie de *Propionibacterium* produz dióxido de carbono, que forma os buracos no queijo suíço. Os queijos semimole, como o Limburger, são curados por bactérias e outros organismos contaminantes que crescem à superfície. Os queijos azul e Roquefort são curados por bolores *Pénicillium* inoculados no queijo. A textura do queijo é suficientemente solta para que o oxigénio adequado possa chegar aos bolores aeróbicos. O crescimento dos bolores *Pénicillium* é visível como aglomerados azul-esverdeados no queijo. O queijo Camembert é curado em pequenas embalagens para que as enzimas do fungo *Penicillium* que cresce aerobicamente na superfície se difundam no queijo para a maturação.

Outros produtos lácteos

A manteiga é feita batendo as natas até que os glóbulos gordos da manteiga se separem do *leitelho* líquido. O sabor e o aroma típicos da manteiga e do leitelho provêm dos *diacetilos,* uma combinação de duas moléculas de ácido acético que é um produto final metabólico da fermentação por algumas bactérias do ácido lático. Atualmente, o leitelho vendido comercialmente não é normalmente um subproduto do fabrico de manteiga, mas é feito através da inoculação de leite desnatado com bactérias que formam ácido lático e os diacetilos. Uma grande variedade de produtos lácteos ligeiramente ácidos - provavelmente uma herança de um passado nómada - é encontrada em todo o mundo. Muitos deles fazem parte da dieta diária nos Balcãs, na Europa de Leste e na Rússia. Um desses produtos é o *iogurte,* que também é popular nos Estados Unidos. O iogurte comercial é feito de leite, do qual pelo menos um quarto da água foi evaporada numa panela de vácuo. O leite espesso resultante é inoculado com uma cultura mista de

Streptococcus thermophilus, principalmente para a produção de ácido, e *Lactobacillus delbmeckii buldgaricus* para contribuir com sabor e aroma. A temperatura da fermentação é de cerca de 45°C durante várias horas, período durante o qual o S. *thermophilus* ultrapassa o L. *d. bulgaricus.* Manter o equilíbrio correto entre os micróbios produtores de sabor e os micróbios produtores de ácido é o segredo do fabrico do iogurte. *Kefir* e *kumiss* são bebidas lácteas fermentadas que são populares na Europa de Leste. As bactérias produtoras de ácido lático habituais são complementadas com levedura que fermenta a lactose para dar a estas bebidas um teor alcoólico de 1 a 2%.

Fermentações não lácteas

Historicamente, a fermentação do leite permitiu que os produtos lácteos fossem armazenados e consumidos muito mais tarde. Outras fermentações microbianas foram utilizadas para tornar certas plantas comestíveis. Por exemplo, os povos pré-colombianos da América Central e do Sul aprenderam a fermentar as sementes de chocolate antes de as consumirem. Os produtos microbianos libertados durante a fermentação produzem o sabor do chocolate.

Os microrganismos são também utilizados na panificação, especialmente no pão. Os açúcares da massa de pão são fermentados por leveduras. A espécie de levedura utilizada na panificação é a *Saccharomyces cerevisiae.* Esta mesma espécie de levedura é também utilizada na produção de cerveja a partir de cereais e na fermentação de vinhos a partir de uvas. (Em tempos, a S. *cerevisiae* foi classificada como várias espécies, tais como S. *carlsbergensis* e S. *ellipsoidells;* estes e alguns outros nomes de espécies são frequentemente encontrados na literatura mais antiga). A S. *cerevisiae* cresce facilmente em condições aeróbias e anaeróbias, embora, ao contrário das bactérias anaeróbias facultativas como a *E. coli,* não possa crescer indefinidamente em condições anaeróbias. Várias estirpes de S. *cerevisiae* foram desenvolvidas ao longo dos séculos e estão altamente adaptadas a determinadas utilizações de fermentação. As condições anaeróbias para a produção de etanol pelas leveduras são obrigatórias para a produção de bebidas alcoólicas. Na panificação, o dióxido de carbono forma as bolhas típicas do pão fermentado. As condições aeróbias favorecem a produção de dióxido de carbono e são encorajadas tanto quanto possível. Esta é a razão pela qual a massa de pão é amassada repetidamente. O etanol produzido evapora-se durante a cozedura. Nalguns pães, como o de centeio ou de massa fermentada, o crescimento de bactérias do ácido lático produz o típico sabor azedo. A fermentação também é utilizada na produção de alimentos como *sauerkrallt, pickles, azeitonas* e até mesmo cacau e café, nos quais os grãos são submetidos a uma etapa de fermentação.

Bebidas alcoólicas e vinagre

Os microrganismos estão envolvidos na produção de quase todas as bebidas alcoólicas. A cerveja e o ale são produtos de amidos de cereais fermentados por leveduras. A cerveja é fermentada lentamente com estirpes de leveduras que permanecem no fundo *(leveduras de fundo). A ale é fermentada de forma* relativamente rápida, a uma temperatura mais elevada, com estirpes de leveduras que normalmente formam aglomerados que são levados para o topo pelo CO2 *(leveduras de topo)*. Uma vez que as leveduras não podem utilizar diretamente o amido, este deve ser convertido em glucose e maltose, que as leveduras podem fermentar em etanol e dióxido de carbono. Nesta conversão, chamada maltagem, os grãos que contêm amido, como a cevada para malte, são deixados a germinar e depois são secos e moídos. Este produto, chamado malte, contém enzimas que degradam o amido (amilases) que convertem os amidos dos cereais em hidratos de carbono que podem ser fermentados pelas leveduras. As cervejas claras utilizam amilases ou estirpes seleccionadas de leveduras para converter mais amido em glucose e maltose fermentáveis, o que resulta em menos hidratos de carbono e mais álcool. A cerveja é então diluída para obter uma percentagem de álcool na gama habitual. O saquê, o vinho de arroz japonês, é produzido a partir de arroz sem maltagem, porque o fungo *Aspergillus* é utilizado primeiro para converter o amido do arroz em açúcares que podem ser fermentados. No caso das bebidas *espirituosas destiladas*, como o *uísque e a vodka*, os hidratos de carbono dos grãos de cereais, das batatas e do melaço são fermentados e transformados em álcool. O álcool é então destilado para produzir uma bebida alcoólica concentrada.

Os vinhos são produzidos a partir de frutos, normalmente uvas, que contêm açúcares que as leveduras podem utilizar diretamente para a fermentação; a maltagem é desnecessária na produção de vinho. Normalmente, as uvas não necessitam de açúcares adicionais, mas outros frutos podem ser suplementados com açúcares para garantir a produção de álcool suficiente. As bactérias do ácido lático são importantes quando o vinho é produzido a partir de uvas que são especialmente ácidas devido a elevadas concentrações de ácido málico. Estas bactérias convertem o ácido málico em ácido lático, mais fraco, num processo chamado fermentação maloláctica. O resultado é um vinho menos ácido e mais duradouro do que aquele que seria produzido de outra forma. Os produtores de vinho que permitiam que o vinho fosse exposto ao ar descobriram que este azedava devido ao crescimento de bactérias aeróbias que convertiam o etanol do vinho em ácido acético. O etanol é inicialmente produzido por fermentação anaeróbica de hidratos de carbono por leveduras. O etanol é depois oxidado aerobicamente em ácido acético por bactérias produtoras de ácido acético dos géneros *Acetobacter* e *Gulcollobacter*

13. Microbiologia industrial

As utilizações industriais da microbiologia tiveram o seu início nas fermentações alimentares em grande escala que produziam ácido lático a partir de produtos lácteos e etanol a partir da produção de cerveja. Estes dois produtos químicos também provaram ter muitas utilizações industriais não relacionadas com os alimentos. Durante a Primeira e Segunda Guerras Mundiais, a fermentação microbiana e tecnologias semelhantes foram utilizadas na produção de compostos químicos relacionados com armamento, como o glicerol e a acetona. A microbiologia industrial atual data em grande parte da tecnologia desenvolvida para produzir antibióticos após a Segunda Guerra Mundial. Atualmente, existe um interesse renovado em algumas destas fermentações microbianas clássicas. Especialmente se puderem ser utilizadas como matéria-prima, produtos renováveis ou, idealmente, produtos que, de outra forma, seriam desperdiçados. Os métodos de fabrico destes organismos modificados utilizando a tecnologia do ADN recombinante e descreveu alguns dos produtos deles derivados; esta tecnologia é agora conhecida como biotecnologia. Nos últimos anos, a microbiologia industrial foi revolucionada pela aplicação de organismos geneticamente modificados.

Perguntas de revisão

1. Enumere as principais causas das doenças de origem alimentar
2. O que é uma intoxicação alimentar e uma intoxicação alimentar
3. Como os alimentos podem ser fermentados e conservados
4. Escreva os principais produtos alimentares industriais
5. Pegue num alimento fermentado e explique as etapas importantes para o produzir

13.1. Tecnologia de Fermentação

Acabámos de discutir os exemplos mais familiares: as fermentações anaeróbicas de alimentos utilizadas nas indústrias dos lacticínios, da cerveja e do vinho. Grande parte da mesma tecnologia, com a adição frequente de arejamento, foi adaptada para fabricar outros produtos industriais, como a insulina e a hormona de crescimento humano, a partir de microrganismos geneticamente modificados. A fermentação industrial é também utilizada na biotecnologia para obter produtos úteis a partir de células vegetais e animais geneticamente modificadas. Por exemplo, as células animais <u>são utilizadas para produzir anticorpos monoclonais. Os recipientes para a fermentação industrial</u> são chamados biorreactores; são concebidos tendo em conta o arejamento, o controlo do pH e o controlo da temperatura. O ar é introduzido através de um difusor na parte inferior (que separa a corrente de ar de entrada para maximizar o arejamento), e uma série de pás impulsoras e deflectores de parede estacionários mantêm a suspensão microbiana agitada. O oxigénio não é muito solúvel na água, pelo que é difícil manter a suspensão microbiana pesada bem arejada. Foram desenvolvidos projectos altamente sofisticados para obter a máxima eficiência no arejamento e outros requisitos de crescimento, incluindo a formulação de meios. O elevado valor dos produtos de microrganismos e células eucarióticas geneticamente modificados estimulou o desenvolvimento de novos tipos de biorreactores e de controlos computorizados para os mesmos. Os biorreactores são por vezes muito grandes, podendo conter até 500 000 litros. Quando o produto é colhido no final da fermentação, é conhecido como *produção por lotes*. De um modo geral, os micróbios na fermentação industrial produzem metabolitos primários, como o etanol, ou metabolitos secundários, como a penicilina.

Um metabolito primário

É formado essencialmente ao mesmo tempo que as novas células, e a curva de produção segue a curva da população celular quase em paralelo, com apenas um desfasamento mínimo. Os metabolitos secundários não são produzidos até que o micróbio tenha completado em grande parte a sua fase de crescimento logarítmico, conhecida como trofofase, e tenha entrado na fase estacionária do ciclo de crescimento. O período seguinte, durante o qual é produzida a maior parte do metabolito secundário, é conhecido como idiofase. O metabolito secundário pode ser uma conversão microbiana de um metabolito primário. Em alternativa, pode ser um produto metabólico do meio de crescimento original que o micróbio produz apenas após a acumulação de um número considerável de células e de um metabolito primário. O melhoramento de estirpes é também uma atividade em curso na microbiologia industrial. (Uma estirpe microbiana difere fisiologicamente de alguma forma significativa. Por exemplo, tem uma enzima para realizar uma atividade adicional ou não tem essa capacidade, mas esta diferença não é suficiente para alterar a identidade da sua espécie). Um exemplo bem conhecido é o do fungo utilizado para a produção de penicilina. A cultura original de *Penicillium* não produzia penicilina em quantidades suficientes para uso comercial. Uma cultura mais eficiente foi isolada de um melão bolorento de um supermercado de Peoria, Illinois. Esta estirpe foi tratada com luz UV, raios X e mostarda de azoto (um mutagénico químico). A seleção de mutantes, incluindo alguns que surgiram espontaneamente, aumentou rapidamente as taxas de produção por um fator superior a 100. Atualmente, os bolores originais produtores de penicilina produzem, não os 5 mgll originais, mas 60.000 mgll. Os melhoramentos nas técnicas de fermentação quase triplicaram este rendimento. Um exemplo de uma estirpe que foi desenvolvida por enriquecimento e seleção é descrito na caixa da página 801.

Enzimas e microorganismos imobilizados

Em muitos aspectos, os micróbios são pacotes de enzimas. As indústrias estão a aumentar a sua utilização de enzimas livres isoladas de micróbios para fabricar muitos produtos, tais como xaropes com alto teor de frutose, papel e têxteis. A procura de tais enzimas é elevada porque são específicas e não produzem resíduos dispendiosos ou tóxicos. E, ao contrário dos processos químicos tradicionais que requerem calor ou ácidos, as enzimas funcionam em condições moderadas e são seguras e biodegradáveis. Para a maioria dos fins industriais, a enzima deve ser imobilizada na superfície de um suporte sólido ou manipulada de outra forma para que possa converter um fluxo contínuo de substrato em produto sem se perder. As técnicas de fluxo contínuo foram também adaptadas a células inteiras vivas e, por vezes, mesmo a células mortas. Os sistemas de células inteiras são difíceis de arejar e carecem da especificidade enzimática única das enzimas imobilizadas. No entanto, as células inteiras são vantajosas se o processo exigir uma série de passos que podem ser efectuados pelas enzimas de um micróbio. Têm também a vantagem de permitir processos de fluxo contínuo com grandes populações de células a funcionar a taxas de reação elevadas. As células imobilizadas, geralmente ancoradas em esferas ou fibras microscopicamente pequenas, são atualmente utilizadas para produzir xarope com alto teor de frutose, ácido aspártico e muitos outros produtos biotecnológicos.

Produtos industriais

Como mencionado anteriormente, o fabrico de queijo produz resíduos orgânicos chamados soro de leite. O soro de leite deve ser eliminado como esgoto ou seco e queimado como resíduo sólido. Ambos os processos são dispendiosos e ecologicamente problemáticos.

Aminoácidos

Os aminoácidos tornaram-se um importante produto industrial a partir de microrganismos. Por exemplo, são produzidas anualmente mais de 600 000 toneladas de *ácido glutâmico* (L-glutamato), utilizado no fabrico do intensificador de sabor glutamato monossódico. Certos aminoácidos, como *a lisina* e *a metionina,* não podem ser sintetizados pelos animais e estão presentes apenas em níveis baixos na dieta normal. Por conseguinte, a síntese comercial de lisina e de alguns dos outros aminoácidos essenciais como suplementos alimentares de cereais é uma indústria importante. Todos os anos são produzidas mais de 70 000 toneladas de lisina e metionina. Dois aminoácidos sintetizados microbialmente, o *gelilalanil1e* e *o ácido aspártico* (L-aspartato), tornaram-se importantes como ingredientes do adoçante sem açúcar aspartame (NutraSweet). Cerca de 3000 a 4000 toneladas de cada um destes aminoácidos são produzidas anualmente nos Estados Unidos. Na natureza, os micróbios raramente produzem aminoácidos para além das suas necessidades, uma vez que a inibição da retroalimentação impede a produção desnecessária de metabolitos primários. A produção microbiana comercial de aminoácidos depende de mutantes especialmente seleccionados e, por vezes, de manipulações engenhosas das vias metabólicas. Por exemplo, em aplicações em que se pretende obter apenas o isómero L de um aminoácido, a produção microbiana, que forma apenas o isómero L, tem uma vantagem sobre a produção química, que forma tanto o **isómero D** como o isómero **L.**

Ácido cítrico

O ácido cítrico é um constituinte dos citrinos, como as laranjas e os limões, e, em tempos, esta era a sua única fonte industrial. No entanto, há mais de 100 anos, o ácido cítrico foi identificado como um produto do metabolismo dos fungos. Esta descoberta foi utilizada pela primeira vez como processo industrial quando a Primeira Guerra Mundial interferiu com a colheita da safra italiana de limões. O ácido cítrico tem uma extraordinária gama de utilizações para além *das* óbvias de conferir acidez e sabor aos alimentos. É um antioxidante e um ajustador de pH em muitos alimentos e, nos produtos lácteos, serve frequentemente como emulsionante. Mais de 550.000

toneladas de ácido cítrico são produzidas todos os anos nos Estados Unidos. Grande parte é produzida por um fungo, *Aspergillus niger*, utilizando melaço como substrato.

Enzimas

As enzimas são amplamente utilizadas em diferentes indústrias. Por exemplo, *as amilases* são utilizadas na produção de xaropes a partir de amido de milho, na produção de papel de sizing (um revestimento para alisar, como nesta página) e na produção de glucose a partir de amido. A produção microbiológica de amilase é considerada a primeira patente de biotecnologia emitida nos Estados Unidos, que foi para o cientista japonês Jokichi Takamine. O processo básico pelo qual os moldes foram utilizados para fazer uma preparação enzimática conhecida como **koji** foi utilizado durante séculos no Japão para fazer produtos de soja fermentados. Koji é uma abreviatura de uma palavra japonesa que significa flor de bolor, reflectindo a infiltração de um substrato de cereais, seja arroz ou uma mistura de trigo e soja, com um fungo filamentoso *(Aspergillus)*. As amilases do koji transformam principalmente o amido em açúcares, mas as preparações de koji também contêm enzimas proteolíticas que convertem a proteína dos grãos de soja numa forma mais digerível e saborosa. É a base das fermentações de soja que são alimentos básicos da dieta japonesa, como *o molho de soja* e *o miso* (uma pasta fermentada de soja com um sabor a carne). *O saquê*, o conhecido vinho de arroz japonês, utiliza as amilases do koji para transformar os hidratos de carbono do arroz numa forma que as leveduras podem utilizar para produzir álcool. Isto é aproximadamente o equivalente ao malte de cevada. A *gilcose isomerase* é uma enzima importante; converte a glucose que as amilases formam a partir dos amidos em frutose, que é utilizada em vez da sacarose como adoçante em muitos alimentos. Provavelmente metade do pão cozido neste país é feito com a ajuda de *proteases,* que ajustam a quantidade de glúten (proteína) no trigo para que os produtos cozidos sejam melhorados ou uniformizados. Outras enzimas proteolíticas são utilizadas como amaciadores de carne ou em detergentes como um aditivo para remover manchas proteicas. Cerca de um terço de toda a produção industrial de enzimas destina-se a este fim. *A renina,* uma enzima utilizada para formar a coalhada no leite, é normalmente produzida comercialmente por fungos, mas mais recentemente por bactérias geneticamente modificadas.

Vitaminas

As vitaminas são vendidas em grandes quantidades combinadas sob a forma de comprimidos e são utilizadas como suplementos alimentares individuais. Os micróbios podem constituir uma fonte económica de algumas vitaminas. *A vitamina B* é produzida por espécies de *Pseudomonas* e *Propionibacterium.* A *riboflavina* (B2) é outra vitamina produzida por fermentação, principalmente por fungos ácido) é produzida a uma taxa de 20.000 toneladas por ano por uma modificação complicada da glucose por espécies de *Acetobacter.*

Produtos farmacêuticos

A microbiologia farmacêutica moderna desenvolveu-se após a Segunda Guerra Mundial, quando foi introduzida a produção de antibióticos. Todos os antibióticos eram originalmente produtos do metabolismo microbiano. Muitos ainda são produzidos por fermentações microbianas, e continua a trabalhar-se na seleção de mutantes mais produtivos através de manipulações nutricionais e genéticas. Foram descritos pelo menos 6000 antibióticos. Um organismo, *Streptomyces hygroscopius,* tem diferentes estirpes que produzem quase 200 antibióticos diferentes. Os antibióticos são normalmente produzidos industrialmente através da inoculação de uma solução de meio de crescimento com esporos do bolor ou estreptomiceto apropriado e arejando-a vigorosamente.

As vacinas são um produto da microbiologia industrial. Muitas vacinas antivirais são produzidas em massa em ovos de galinha ou em culturas de células.

14. Microbiologia médica

14.1Microorganismos causadores de doenças

Um microrganismo é um **agente patogénico** se for capaz de causar uma doença; no entanto, alguns organismos são altamente patogénicos, ou seja, causam doenças frequentemente, enquanto outros raramente causam doenças. Os agentes patogénicos oportunistas são aqueles que raramente, ou nunca, causam doenças em pessoas imunocompetentes, mas que podem causar infecções graves em doentes imunocomprometidos. Estes oportunistas são membros frequentes da flora normal do organismo. A origem do termo "oportunista" refere-se à capacidade do organismo de aproveitar a oportunidade oferecida pela redução das defesas do hospedeiro para causar doenças. Muito bem, como viu, as bactérias, os vírus, os protozoários, os fungos e os helmintos podem causar doenças. Uma vez que pode abordar algumas destas doenças nas disciplinas de Micologia, Virologia e Parasitologia, deve dar mais ênfase às bactérias.

14.1.1 Bactérias

A classificação atual das bactérias baseia-se principalmente em características morfológicas e bioquímicas. Um esquema que divide os organismos de importância médica por género é apresentado no Quadro 6.1. O critério inicial utilizado na classificação é a natureza da parede celular, ou seja, é rígida, flexível ou inexistente? As bactérias com paredes rígidas e espessas podem ser subdivididas em bactérias de vida livre, que são capazes de crescer em meio laboratorial na ausência de células humanas ou de outros animais, e bactérias de vida livre, que são parasitas intracelulares obrigatórios e, portanto, só podem crescer dentro de células humanas ou de outros animais. Os organismos de vida livre são ainda subdivididos, de acordo com a forma e a reação de coloração, numa variedade de cocos e bastonetes gram-positivos e gram-negativos com diferentes necessidades de oxigénio e capacidades de formação de esporos. As bactérias com paredes flexíveis e finas (as espiroquetas) e as que não têm paredes celulares (os micoplasmas) formam unidades separadas.

Utilizando estes critérios, juntamente com várias reacções bioquímicas, muitas bactérias podem ser facilmente classificadas em géneros e espécies distintos. No entanto, tem havido vários exemplos em que estes critérios colocam as bactérias no mesmo género quando a sequenciação do ADN do seu genoma revela que são significativamente diferentes e que devem ser classificadas num género novo ou diferente. Por exemplo, um organismo anteriormente conhecido como *Pseudomonas cepacia* foi reclassificado como *Burkholderia cepacia* porque a sequência de bases do seu ADN foi considerada significativamente diferente do ADN dos membros do género *Pseudomonas*.

A primeira demonstração direta do papel das bactérias na causa de doenças surgiu com o estudo do carbúnculo bacteriano pelo médico alemão Robert Koch (1843-1910). Koch injectou em ratos saudáveis material proveniente de animais doentes, e os ratos adoeceram. Depois de transferir o carbúnculo por inoculação através de uma série de 20 ratinhos, incubou um pedaço de baço contendo o bacilo do carbúnculo em soro de bovino. Os bacilos cresceram, reproduziram-se e produziram esporos. Quando os bacilos isolados ou os esporos foram injectados em ratos, o carbúnculo desenvolveu-se. Os seus critérios para provar a relação causal entre um microrganismo e uma doença específica são conhecidos como postulados de Koch e podem ser resumidos da seguinte forma

1. O microrganismo deve estar presente em todos os casos de doença, mas ausente nos organismos saudáveis.

2. O microrganismo suspeito deve ser isolado e cultivado numa cultura pura.

3. A mesma doença deve resultar quando o microrganismo isolado é inoculado num hospedeiro saudável.

4. O mesmo microrganismo deve ser novamente isolado do hospedeiro doente.

ii. Postulados moleculares de Koch

Embora os critérios que Koch desenvolveu para provar uma relação causal entre um microrganismo e uma doença específica tenham sido de grande importância para a microbiologia médica, nem sempre é possível aplicá-los no estudo de doenças humanas. Por exemplo, alguns agentes patogénicos não podem ser cultivados em cultura pura fora do hospedeiro; como outros agentes patogénicos só se desenvolvem em seres humanos, o seu estudo exigiria a realização de experiências em pessoas. A identificação, o isolamento e a clonagem de genes responsáveis pela virulência dos agentes patogénicos tornaram possível uma nova forma molecular dos postulados de Koch que resolve algumas destas dificuldades. A ênfase é colocada nos genes de virulência presentes no agente infecioso e não no próprio agente. Os postulados moleculares podem ser brevemente resumidos da seguinte forma:

1. A caraterística de virulência em estudo deve estar muito mais associada a estirpes patogénicas da espécie do que a estirpes não patogénicas.
2. A inativação do gene ou genes associados ao traço de virulência suspeito deve diminuir substancialmente a patogenicidade.

3. A substituição do gene mutado pelo gene normal de tipo selvagem deve restaurar totalmente a patogenicidade.

4. O gene deve ser expresso em algum momento durante a infeção e o processo da doença.

5. Os anticorpos ou células do sistema imunitário dirigidos contra os produtos genéticos devem proteger o hospedeiro.

A abordagem molecular nem sempre pode ser aplicada devido a problemas como a falta de um sistema animal adequado. Também é difícil aplicar os postulados moleculares quando o agente patogénico não está bem caracterizado geneticamente.

14.1.2 Vírus

Os vírus não são células; a sua estrutura é ainda mais simples do que a das bactérias, que são as células mais simples. Um vírus é constituído por ADN ou ARN rodeado por um invólucro proteico. O invólucro proteico tem uma forma que é caraterística de cada vírus. Os vírus não possuem enzimas, citoplasma, membranas celulares ou paredes celulares e só se podem reproduzir no interior das células vivas de um hospedeiro. Quando um vírus entra numa célula hospedeira, utiliza os cromossomas, o ARN e as enzimas dessa célula para produzir novos vírus, que depois entram noutras células e se reproduzem.

O tratamento de doenças virais com produtos químicos coloca alguns desafios formidáveis:

1. Em primeiro lugar, os vírus são activos (reproduzem-se) no interior das células, pelo que o medicamento deve poder entrar nas células infectadas para ser eficaz

2. Em segundo lugar, os vírus são estruturas tão simples que a escolha dos processos químicos que devem ser interrompidos é limitada (ver mecanismo de ação antimicrobiana nas lições seguintes)

3. Os terceiros vírus utilizam o ADN e as enzimas da célula hospedeira para a sua auto-replicação, e os medicamentos que interferem com o ADN ou as enzimas podem matar a célula hospedeira, ao mesmo tempo que matam o vírus. No entanto, temos de estar conscientes de que muitos vírus sofrem mutações com grande frequência. Os vírus da gripe sofrem mutações e esta é a razão pela qual precisamos de uma nova vacina contra a gripe todos os anos.

14.1.3 Fungos

Os fungos podem ser unicelulares, como as leveduras, ou multicelulares, como os conhecidos bolores e cogumelos. A maioria dos fungos são saprófitas, ou seja, vivem de matéria orgânica morta e decompõem-na para reciclar os químicos como nutrientes. Os fungos patogénicos causam infecções que são designadas por micoses. Em pequenas quantidades, as leveduras como a *Candida albicans* fazem parte da flora residente da pele, da boca, do intestino e da vagina. No entanto, em grandes quantidades, as leveduras podem causar infecções superficiais das membranas mucosas ou da pele, ou infecções sistémicas muito graves dos órgãos internos. O verme em anel (Tinea) é uma micose superficial que pode ser causada por várias espécies de fungos. As respostas imunitárias são geralmente capazes de prevenir a infeção e as pessoas saudáveis não são geralmente susceptíveis a micoses sistémicas. Os idosos e as pessoas com doenças pulmonares crónicas são muito mais susceptíveis sem as respostas imunitárias normais; os doentes com SIDA são muito susceptíveis a doenças fúngicas invasivas.

Uma vez que os fungos (leveduras e bolores) são organismos **eucarióticos,** enquanto as bactérias são procarióticas, diferem em vários aspectos fundamentais. Duas estruturas celulares dos fungos são importantes do ponto de vista médico:

1. A parede celular dos fungos é constituída principalmente por quitina (e não por peptidoglicano como nas bactérias); assim, os fungos são insensíveis aos antibióticos, como a penicilina, que inibem a síntese de peptidoglicano.

A quitina é um polissacárido composto por longas cadeias de *N-acetilglucosamina*. A parede celular dos fungos contém também outros polissacáridos, sendo o mais importante o β-glucano, um polímero longo de D-glucose. A importância médica do β-glucano reside no facto de ser o local de ação do medicamento antifúngico caspofungina.

2. A membrana celular dos fungos contém ergosterol, ao contrário da membrana celular humana, que contém colesterol. A ação selectiva da anfotericina B e dos fármacos azólicos, como o fluconazol e o cetoconazol, nos fungos baseia-se nesta diferença nos esteróis da membrana. Vários fungos de importância médica são termicamente **dimórficos, ou seja,** formam estruturas diferentes a temperaturas diferentes. Existem como bolores no ambiente à temperatura ambiente e como leveduras (ou outras estruturas) nos tecidos humanos à temperatura corporal.

14.1.4 Protozoários

Alguns são patogénicos para o homem e são capazes de formar quistos, que são células resistentes e dormentes, capazes de sobreviver à passagem de hospedeiro para hospedeiro. Os protozoários parasitas intestinais das pessoas incluem a *Entamoeba histolytica,* que causa a disenteria amebiana, e *a Giardia lamblia,* que causa a diarreia chamada Giardíase. O Plasmodium, o género que causa a malária, afecta centenas de milhões de pessoas em todo o mundo e é provavelmente o parasita protozoário mais importante.

14.1.5 Vermes (Helmintos)

Os vermes parasitas são ainda mais simples do que a conhecida minhoca, porque vivem dentro de hospedeiros e utilizam o sangue ou os nutrientes do hospedeiro como alimento. Muitos dos vermes parasitas têm ciclos de vida complexos que envolvem duas ou mais espécies diferentes de hospedeiros. As vermes, a ténia, o ancilóstomo, a lombriga, o ascaris e a triquina são alguns exemplos de vermes parasitas.

14.1.6 Artrópodes

Os artrópodes, como o ácaro da sarna e os piolhos da cabeça, são ectoparasitas que vivem à superfície do corpo. As infestações que provocam dão comichão e são desconfortáveis, mas não são debilitantes nem põem a vida em risco. De maior importância são os artrópodes que são vectores de doenças. Os mosquitos, as pulgas, os piolhos e as moscas são todos insectos. As carraças não são insectos, mas estão mais próximas das aranhas.

14.2Microorganismos produtores de antibióticos

A natureza é, sem dúvida, o produtor mais prolífico de medicamentos antimicrobianos. Antibióticos, são, afinal, produtos metabólicos comuns de bactérias e fungos aeróbicos formadores de esporos. Ao inibir o crescimento de outros microrganismos no mesmo habitat (antagonismo), os produtores de antibióticos presumivelmente desfrutam de uma menor competição por nutrientes e espaço. O maior número de antibióticos provém de bactérias dos géneros *Streptomyces* e *Bacillus* e de fungos dos géneros *Penicillium* e *Cephalosporium*. Os químicos têm procurado decifrar a estrutura dos antibióticos mais úteis, a fim de produzir compostos semi-sintéticos relacionados com características especializadas. Os antibióticos são produtos de vias de fermentação que ocorrem em muitas bactérias e fungos formadores de esporos.

O papel dos antibióticos na vida destes micróbios deve ser importante, uma vez que os genes para a produção de antibióticos estão preservados na evolução. Alguns especialistas teorizam que os microrganismos que libertam antibióticos podem inibir ou destruir concorrentes ou predadores próximos; outros propõem que os antibióticos desempenham um papel na formação de esporos. Seja qual for o benefício que os micróbios obtêm, estes compostos têm sido extremamente lucrativos para os humanos. Todos os anos, a indústria farmacêutica cultiva grandes quantidades de microrganismos e colhe os seus produtos para tratar doenças causadas por outros microrganismos.

14.3. A Flora Normal

Flora normal é o termo utilizado para descrever as várias bactérias e fungos que são **residentes permanentes** em determinados locais do corpo, especialmente na pele, orofaringe, cólon e vagina. Os vírus e os parasitas, que são os dois outros grandes grupos de microrganismos, não são geralmente considerados membros da flora normal, embora possam estar presentes em indivíduos assintomáticos. Os membros da flora normal variam em número e tipo de um local para outro. Embora a flora normal povoe extensivamente muitas áreas do corpo, os órgãos internos são geralmente estéreis. Áreas como o sistema nervoso central, o sangue, os brônquios e alvéolos inferiores, o fígado, o baço, os rins e a bexiga estão livres de todos os organismos, exceto de um organismo transitório ocasional.

Os membros da flora normal desempenham um papel tanto na manutenção da saúde como na causação de doenças de três formas significativas:

1. Podem causar doenças, especialmente em indivíduos imunocomprometidos e debilitados. Embora estes organismos não sejam patogénicos na sua localização anatómica habitual, podem ser patogénicos noutras partes do corpo.
2. Constituem um mecanismo protetor de defesa do hospedeiro. As bactérias residentes não patogénicas ocupam locais de fixação na pele e na mucosa que podem interferir com a colonização por bactérias patogénicas. A capacidade dos membros da flora normal para limitar o crescimento dos agentes patogénicos é designada por **resistência à colonização.** Se a flora normal for suprimida, os agentes patogénicos podem crescer e causar doenças. Por exemplo, os antibióticos podem reduzir a flora normal do cólon, o que permite que o *Clostridium difficile,* que é resistente aos antibióticos, cresça em excesso e cause colite pseudomembranosa.
3. Podem ter uma função nutricional. As bactérias intestinais produzem várias vitaminas B e vitamina K. As pessoas mal nutridas que são tratadas com antibióticos orais podem ter carências

vitamínicas devido à redução da flora normal. No entanto, uma vez que os animais sem germes estão bem nutridos, a flora normal não é essencial para uma nutrição adequada.

14.4. Agentes patogénicos e mecanismo de patogénese

Por definição, um microrganismo é um organismo demasiado pequeno para ser visto a olho nu. Como é que é possível que organismos tão pequenos causem doenças em plantas e animais, que são gigantescos em comparação com os micróbios? O prefixo path- refere-se a doença. Exemplos de palavras que contêm este prefixo são patogénico (um micróbio capaz de causar uma doença), patologia (o estudo das manifestações estruturais e funcionais da doença), patologista (um médico especializado em patologia), cidade patogénica (a capacidade de causar uma doença) e patogénese (os passos ou mecanismos envolvidos no desenvolvimento de uma doença). Uma doença infecciosa é uma doença causada por um micróbio, e os micróbios que causam doenças infecciosas são coletivamente designados por agentes patogénicos.

A patogenicidade é a capacidade de um micróbio causar uma doença, enquanto a patogénese se refere aos passos reais que estão envolvidos no desenvolvimento de uma doença. Por vezes (mas nem sempre), a patogénese segue a seguinte sequência: entrada do agente patogénico no organismo → fixação → multiplicação → invasão ou disseminação → evasão das defesas do hospedeiro → danos nos tecidos do hospedeiro. Quando o organismo perde a sua batalha contra um agente patogénico, surge a doença clínica, acompanhada de sinais e sintomas característicos. Os sinais de uma doença são vários tipos de provas objectivas de uma doença (por exemplo, aumento ou diminuição da pressão arterial, temperatura corporal elevada, ritmo de pulso anormal, anomalias detectadas por palpação e resultados de análises anormais). Os sintomas de uma doença são vários tipos de provas subjectivas de doença que são sentidas ou percepcionadas pelos doentes (por exemplo, dores, arrepios, anorexia, náuseas e comichão). A virulência é uma medida ou grau de patogenicidade. Diferentes espécies ou mesmo diferentes estirpes da mesma espécie variam na sua capacidade de causar doenças; assim, algumas são mais virulentas do que outras. Algumas estirpes de uma determinada espécie podem ser virulentas, enquanto outras estirpes da mesma espécie são menos virulentas.

Os factores de virulência são as características fenotípicas de um microrganismo que lhe permitem causar doenças. Alguns factores de virulência são características estruturais (por exemplo, cápsulas, flagelos, pili) que permitem que os agentes patogénicos evitem a fagocitose e alcancem e se fixem em vários tecidos do hospedeiro. Os dois principais factores de virulência através dos quais as bactérias causam doenças são as exoenzimas e as toxinas. As exoenzimas que são factores de virulência incluem a coagulase, as cinases, a hialuronidase, a colagenase, as hemolisinas, a lecitinase e as enzimas necrotizantes. Estas exoenzimas permitem que os agentes patogénicos escapem às defesas do hospedeiro, invadam e causem danos nos tecidos do corpo. As toxinas produzidas pelas bactérias são geralmente classificadas em dois grupos: exotoxinas e endotoxinas.

14.5. Porque é que a infeção nem sempre ocorre

Muitas pessoas que são expostas a agentes patogénicos não ficam doentes.
Veja a lista abaixo
são algumas das muitas razões que podem explicar este facto:

- O micróbio pode aterrar num local anatómico onde não é capaz de se
  multiplicar. Por exemplo, quando um agente patogénico respiratório
  aterra na pele, pode ser incapaz de aí se desenvolver porque a pele não
  tem o calor, a humidade e os nutrientes necessários para o crescimento
  desse microrganismo específico. Além disso, o pH baixo e a presença de
  ácidos gordos tornam a pele um ambiente hostil para certos organismos.

- Muitos agentes patogénicos têm de se ligar a locais receptores específicos
  (descritos mais à frente) antes de se poderem multiplicar e causar danos.
  Se aterrarem num local onde esses receptores estão ausentes, não são
  capazes de causar doença.

- Os factores antibacterianos que destroem ou inibem o crescimento de
  bactérias (por exemplo, a lisozima que está presente nas lágrimas, na
  saliva e na transpiração) podem estar presentes no local onde o agente
  patogénico aterra.

- A microflora indígena desse local (por exemplo, a boca, a vagina ou o
  intestino) pode inibir o crescimento do micróbio estranho, ocupando
  espaço e utilizando os nutrientes disponíveis. Trata-se de um tipo de
  antagonismo microbiano, em que um micróbio ou grupo de micróbios
  se opõe a outro.

- <u>A microflora indígena do local pode produzir factores antibacterianos</u> (proteínas chamadas bacteriocinas) que destroem o agente patogénico recém-chegado. Este é também um tipo de antagonismo microbiano.

- O estado nutricional e de saúde geral do indivíduo influencia frequentemente o resultado do encontro entre o agente patogénico e o hospedeiro. Uma pessoa que esteja de boa saúde, sem problemas médicos subjacentes, terá menos probabilidades de ser infetada do que uma pessoa mal nutrida ou com má saúde.

- A pessoa pode ser imune a esse agente patogénico específico, talvez como resultado de uma infeção anterior com esse agente patogénico ou de ter sido vacinada contra esse agente patogénico.

- Os glóbulos brancos fagocíticos (fagócitos) presentes no sangue e noutros tecidos podem engolir e destruir o agente patogénico antes de este ter oportunidade de se multiplicar, invadir e causar a doença.

14.5.1. Quatro períodos ou fases no curso de uma doença infecciosa

Depois de um agente patogénico ter entrado no organismo, o curso de uma doença infecciosa tem quatro períodos ou fases.

1. **O período de incubação** é o tempo que decorre entre a chegada do agente patogénico e o início dos sintomas. A duração do período de incubação é influenciada por muitos factores, incluindo a saúde geral e o estado nutricional do hospedeiro, o estado imunitário do hospedeiro (ou seja, se o hospedeiro é imunocompetente ou imunossuprimido), a virulência do agente patogénico e o número de agentes patogénicos que

entram no corpo.

2. **O período prodrómico** é o período durante o qual o doente se sente "fora de si", mas ainda não apresenta sintomas reais da doença. Os doentes podem sentir que "estão a ficar com alguma coisa", mas ainda não têm a certeza do que é.

3. **O período de doença** é o tempo durante o qual o doente apresenta os sintomas típicos associados a essa doença específica (por exemplo, dor de garganta, dor de cabeça, congestão sinusal). As doenças transmissíveis são mais facilmente transmitidas durante este terceiro período.

4. **O período de convalescença** é o tempo durante o qual o doente recupera. No caso de certas doenças infecciosas, nomeadamente doenças respiratórias virais, o período de convalescença pode ser bastante longo. Embora o doente possa recuperar da doença em si, podem ser causados danos permanentes devido à destruição dos tecidos na zona afetada. Por exemplo, a encefalite ou a meningite podem provocar lesões cerebrais, a poliomielite pode provocar paralisia e as infecções dos ouvidos podem provocar surdez.

14.5.2. Etapas da Patogénese das Doenças Infecciosas

Em geral, a patogénese das doenças infecciosas segue frequentemente esta sequência:

I. **Entrada** do agente patogénico no organismo. Os portais de entrada incluem a penetração da pele ou

membranas mucosas pelo agente patogénico, inoculação do agente patogénico nos tecidos corporais por um artrópode, inalação (no trato respiratório), ingestão (no trato gastrointestinal), introdução do agente patogénico no trato geniturinário ou introdução do agente patogénico diretamente no sangue (por exemplo, através de transfusão de sangue ou da utilização de agulhas partilhadas por toxicodependentes por via intravenosa).

II. **Fixação** do agente patogénico a algum(ns) tecido(s) do corpo.

III. **Multiplicação** do agente patogénico. O agente patogénico pode multiplicar-se num local do corpo, resultando numa infeção localizada (por exemplo, um abcesso), ou pode multiplicar-se por todo o corpo (uma infeção sistémica).

IV. **Invasão** ou

propagação do agente patogénico.

V. **Evasão** do hospedeiro

defesas.

VI.**Danos** nos tecidos do hospedeiro. Os danos podem ser tão extensos que causam

a morte do doente.

É importante compreender que nem todas as doenças infecciosas envolvem todas estas etapas. Por exemplo, uma vez ingeridos, alguns agentes patogénicos intestinais produtores de exotoxinas são capazes de causar doenças sem aderir à parede intestinal ou invadir os tecidos.

14.6. Diagnóstico e mecanismo de controlo dos agentes patogénicos

O diagnóstico de uma infeção microbiana começa com uma avaliação das características clínicas e epidemiológicas, levando à formulação de uma hipótese de diagnóstico. A localização anatómica da infeção com o auxílio de achados físicos e radiológicos (por exemplo, pneumonia do lobo inferior direito, abcesso subfrénico) é normalmente incluída. Este diagnóstico clínico sugere uma série de possíveis agentes etiológicos com base no conhecimento das síndromes infecciosas e da sua evolução. É necessária uma combinação de ciência e arte por parte do clínico e do técnico de laboratório: O clínico tem de selecionar os testes e espécimes adequados a processar e, se for caso disso, sugerir ao laboratório os agentes etiológicos suspeitos.

O técnico de laboratório deve utilizar os métodos que demonstrem os agentes prováveis e estar preparado para explorar outras possibilidades sugeridas pela situação clínica ou pelos resultados dos exames laboratoriais. Os melhores resultados são obtidos quando a comunicação entre a clínica e o laboratório é máxima. As abordagens gerais ao diagnóstico laboratorial variam consoante os diferentes microrganismos e doenças infecciosas. No entanto, os tipos de métodos são normalmente uma combinação de exames microscópicos directos, cultura, deteção de antigénios e deteção de anticorpos (serologia). As abordagens mais recentes que envolvem a deteção direta de componentes genómicos também são importantes, embora poucas se tenham tornado suficientemente práticas para utilização de rotina.

14.6.1. Testes bacteriológicos

- Os testes bacteriológicos começam normalmente com a *coloração* da amostra do doente e a *observação* do organismo ao microscópio. Segue-se a *cultura* do organismo, normalmente em ágar sangue, e *a realização de vários testes* para identificar o organismo causador. A obtenção de uma *cultura pura* da bactéria é essencial para um diagnóstico exato.
- *As hemoculturas* são úteis em casos de *sepsia* e noutras doenças em que o organismo se encontra frequentemente na corrente sanguínea, como a

endocardite, a meningite, a pneumonia e a osteomielite.

- *As culturas da garganta* são mais úteis para diagnosticar *a faringite* causada pelo *Streptococcus pyogenes* (faringite *estreptocócica*), mas também são utilizadas para diagnosticar a difteria, a faringite gonocócica e a candidíase causada pela levedura *Candida albicans*.

- *As culturas de esputo* são utilizadas principalmente para diagnosticar a causa da *pneumonia*, mas também são utilizadas em casos suspeitos de tuberculose.
- *As culturas do líquido cefalorraquidiano* são mais úteis em casos suspeitos de *meningite*. Estas culturas são frequentemente negativas na encefalite, abcesso cerebral e empiema subdural.
- *As culturas de fezes* são úteis principalmente quando a queixa é *diarreia com sangue* (disenteria, enterocolite) em vez de diarreia aquosa, que é frequentemente causada por enterotoxinas ou vírus.
- *As culturas de urina* são utilizadas para determinar a causa da *pielonefrite* ou da *cistite*.

- *As culturas do trato genital* são mais frequentemente utilizadas para diagnosticar *a gonorreia* e o cancroide. *A Chlamydia trachomatis* é difícil de cultivar, pelo que os métodos não bacteriológicos, como o ELISA e as sondas de ADN, são atualmente mais utilizados do que as culturas. O agente da sífilis não foi cultivado, pelo que o diagnóstico é efectuado serologicamente.
- *As feridas e os abcessos* podem ser causados por uma grande variedade de organismos. As culturas devem ser incubadas tanto na presença como na ausência de oxigénio, uma vez que *os anaeróbios* estão frequentemente envolvidos.

Testes imunológicos (serológicos)

- Os testes imunológicos (serológicos) podem determinar se *estão presentes anticorpos no soro do doente, bem como* detetar os *antigénios do organismo nos tecidos ou fluidos corporais.*

- Nestes testes, os antigénios do organismo causador podem ser detectados utilizando anticorpos específicos frequentemente marcados com um corante como a fluoresceína (testes de anticorpos fluorescentes). A presença de anticorpos no soro do doente pode ser detectada utilizando antigénios derivados do organismo. Em alguns testes, o soro do doente contém anticorpos que reagem com um antigénio que *não* é derivado do organismo causador, como o teste VDRL em que a cardiolipina do coração de vaca reage com anticorpos no soro de doentes com sífilis.

14.7. Controlo de microorganismos

A gestão eficaz dos microrganismos no laboratório, em casa, no hospital e no contexto industrial depende do conhecimento de como controlar (matar, inibir ou remover) os microrganismos no ambiente. São utilizados vários métodos para controlar os microrganismos (para manter os microrganismos a um nível aceitável)

Métodos físicos
- ✓ Alta temperatura
  Ebulição húmida a 100 cº
    - ☐ Autoclavagem
    - ☐ Pasteurização
    - ☐ Esterilização a temperatura ultra-alta (UHT)

Calor seco
     -Incineração
     Esterilização no forno

Baixa temperatura
- Frigorífico
- Congelador

Filtragem
- Filtro de profundidade
- Filtros de membrana

- Filtro de ar de partículas de alta eficiência (HEPA) Radiação
- Radiação ultravioleta
- Radiação ionizante

Os agentes químicos incluem fenólicos, álcool, halogéneos, metais pesados, compostos de amónio quaternário, aldeídos e gases esterilizantes.

14.8. Antimicrobianos

A quimioterapia refere-se, de facto, à utilização de qualquer substância química (medicamento) para tratar qualquer doença ou afeção. Os produtos químicos (medicamentos) utilizados para tratar doenças são designados por agentes quimioterapêuticos. Por definição, um agente quimioterapêutico é qualquer medicamento utilizado para tratar qualquer condição ou doença.

Os agentes quimioterapêuticos utilizados no tratamento de doenças infecciosas são coletivamente designados por agentes antimicrobianos. Assim, um agente antimicrobiano é qualquer produto químico (medicamento) utilizado para tratar uma doença infecciosa, quer inibindo quer matando os agentes patogénicos in vivo. Os medicamentos utilizados no tratamento de doenças bacterianas são designados agentes antibacterianos, enquanto os utilizados no tratamento de doenças fúngicas são designados agentes antifúngicos. Os medicamentos utilizados no tratamento de doenças causadas por protozoários são designados agentes antiprotozoários e os utilizados no tratamento de doenças virais são designados agentes antivirais. Alguns agentes antimicrobianos são antibióticos. Por definição, um antibiótico é uma substância produzida por um microrganismo que é eficaz para matar ou inibir o crescimento de outros microrganismos. Embora todos os antibióticos sejam agentes antimicrobianos, nem todos os agentes antimicrobianos são antibióticos; por conseguinte, os termos não são sinónimos e deve ter-se o cuidado de os utilizar corretamente.

14.8.1. Qualidades ideais de um agente antimicrobiano

O agente antimicrobiano ideal deve

9 Matar ou inibir o crescimento de agentes patogénicos

9 Não causa danos ao hospedeiro

9 Não provoca reacções alérgicas no hospedeiro

9 Ser estável quando armazenado no estado sólido ou líquido

9 Permaneça em tecidos específicos do corpo o tempo suficiente para ser eficaz

Mate os agentes patogénicos antes que sofram mutações e se tornem resistentes

Infelizmente, a maioria dos agentes antimicrobianos tem alguns efeitos secundários, produz reacções alérgicas ou permite o desenvolvimento de agentes patogénicos mutantes resistentes.

14.8.2. Como funcionam os agentes antimicrobianos

Para ser aceitável, um agente antimicrobiano deve inibir ou destruir o agente patogénico sem danificar o hospedeiro. Para tal, o agente deve ter como alvo um processo ou estrutura metabólica que o agente patogénico possui, mas que o hospedeiro (ou seja, a pessoa infetada) não possui.
Os cinco mecanismos de ação mais comuns dos agentes antimicrobianos são os seguintes

1. Inibição da síntese da parede celular

2. Danos nas membranas celulares

3. Inibição da síntese de ácidos nucleicos (síntese de ADN ou ARN)

4. Inibição da síntese proteica

5. Inibição da atividade enzimática

14.8.3. Resistência aos medicamentos

As bactérias podem tornar-se resistentes a um fármaco excluindo-o da célula, bombeando o fármaco para fora da célula, alterando-o enzimaticamente, modificando a enzima ou organelo alvo para o tornar menos sensível ao fármaco, e assim por diante. Os genes de resistência aos medicamentos podem ser encontrados no cromossoma bacteriano ou num plasmídeo chamado plasmídeo R. A utilização incorrecta de agentes quimioterapêuticos promove o aumento e a propagação da resistência aos medicamentos e pode conduzir a super-infecções.

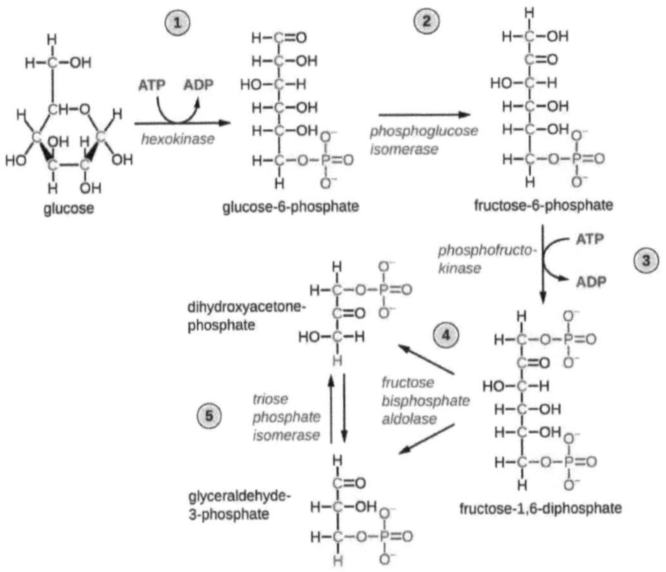

glucose

ATP ADP

hexokinase

glucose-6-phosphate

phosphoglucose isomerase

fructose-6-phosphate

phosphofructo-kinase

ATP

ADP

dihydroxyacetone-phosphate

fructose bisphosphate aldolase

triose phosphate isomerase

glyceraldehyde-3-phosphate

fructose-1,6-diphosphate

Figura 1: A primeira metade da glicólise utiliza duas moléculas de ATP na fosforilação da glucose, que é depois dividida em duas moléculas de três carbonos.

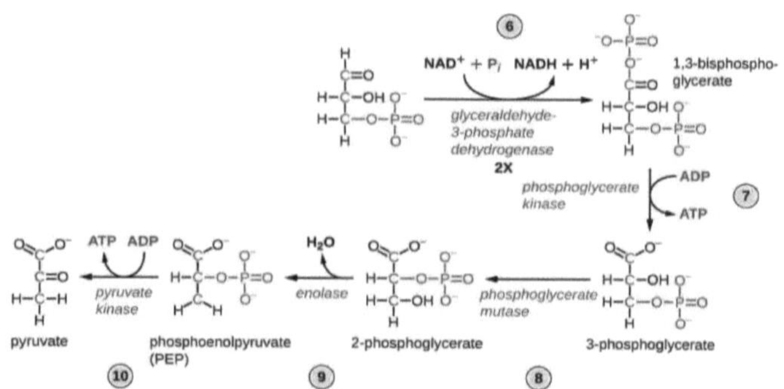

Figura 2: A segunda metade da glicólise envolve a fosforilação sem investimento de ATP (etapa 6) e produz duas moléculas de NADH e quatro moléculas de ATP por glucose

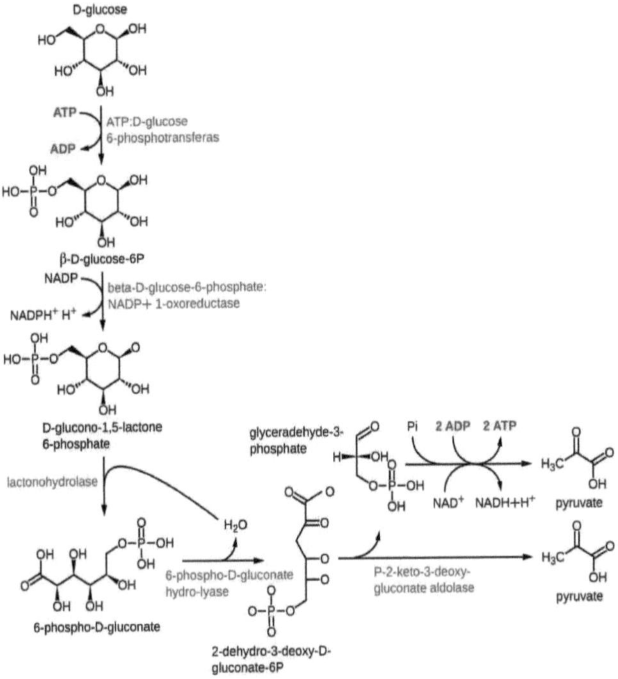

D-glucose

ATP
ATP:D-glucose
6-phosphotransferas
ADP

β-D-glucose-6P

NADP
beta-D-glucose-6-phosphate:
NADP+ 1-oxoreductase
NADPH⁺ H⁺

D-glucono-1,5-lactone
6-phosphate

lactonohydrolase

6-phospho-D-gluconate

H₂O

6-phospho-D-gluconate
hydro-lyase

2-dehydro-3-deoxy-D-
gluconate-6P

glyceradehyde-3-
phosphate

Pi   2 ADP   2 ATP

NAD⁺   NADH+H⁺

pyruvate

P-2-keto-3-deoxy-
gluconate aldolase

pyruvate

Figura 3: A via de Entner-Doudoroff é uma via metabólica que converte a glucose em etanol e produz um ATP.

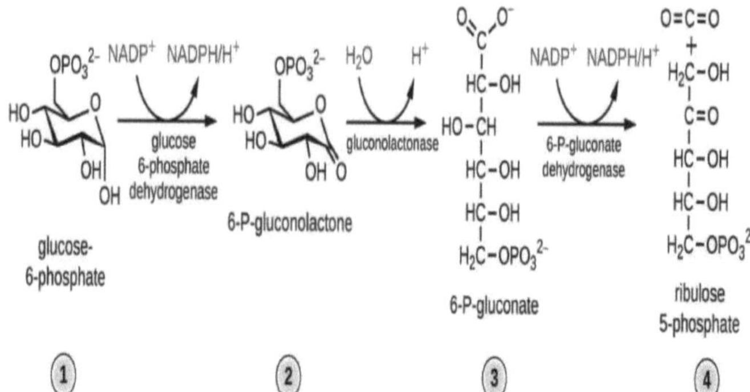

Figura 4: A via das pentoses fosfato, também designada por via do fosfogluconato e derivação da hexose monofosfato, é uma via metabólica paralela à glicólise que gera NADPH e açúcares de cinco carbonos, bem como ribose 5-fosfato, um precursor para a síntese de nucleótidos a partir da glucose.

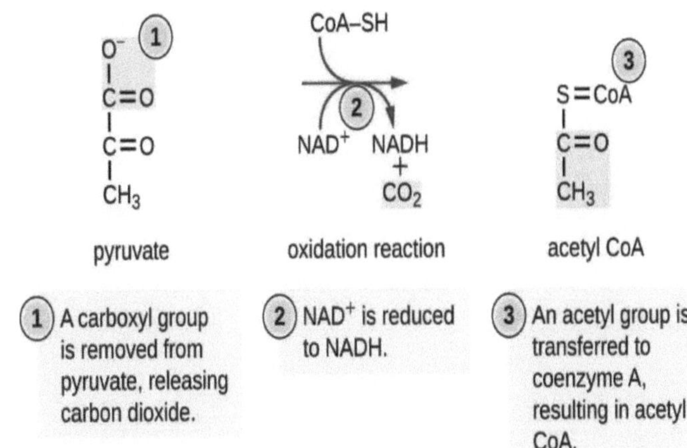

Figura 5: Nesta reação de transição, um complexo multienzimático converte o piruvato num grupo acetilo (2C) mais um dióxido de carbono (CO_2). O grupo acetilo é ligado a um transportador de Coenzima A que transporta o grupo acetilo para o local do ciclo de Krebs. Neste processo, forma-se uma molécula de NADH.

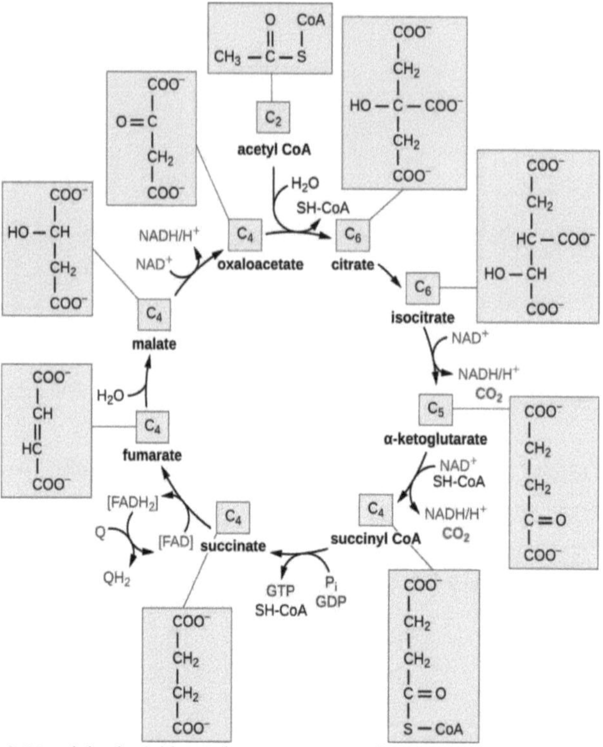

Figura 6: No ciclo do ácido cítrico, o grupo acetil da acetil CoA é ligado a uma molécula de oxaloacetato de quatro carbonos para formar uma molécula de citrato de seis carbonos. Através de uma série de etapas, o citrato é oxidado, libertando duas moléculas de dióxido de carbono por cada grupo acetil introduzido no ciclo. No processo, três NADH, um FADH2 e um ATP ou GTP (dependendo do tipo de célula) são produzidos por fosforilação ao nível do substrato. Como o produto final do ciclo do ácido cítrico é também o primeiro reagente, o ciclo funciona continuamente na presença de reagentes suficientes.

Referências

1. **"Microbiologia: An Introduction" de Gerard J. Tortora, Berdell R. Funke e Christine L. Case** - Um livro de texto abrangente que cobre conceitos fundamentais em microbiologia, incluindo diversidade microbiana, fisiologia e patogénese.

2. **"Brock Biology of Microorganisms" de Michael T. Madigan, Kelly S. Bender, Daniel H. Buckley e W. Matthew Sattley** - Este livro fornece uma exploração aprofundada da biologia microbiana, incluindo genética, metabolismo e ecologia.

3. **"Prescott's Microbiology" de Joanne Willey, Linda Sherwood e Christopher J. Woolverton** - Oferece uma panorâmica pormenorizada dos tópicos de microbiologia, com destaque para a investigação e aplicações modernas.

4. **"Microbiologia: Principles and Explorations", de Jacquelyn G. Black** - Abrange os conceitos de microbiologia de uma forma acessível aos estudantes, com recursos visuais cativantes e recursos de aprendizagem interactivos.

5. **"Microbiology: A Laboratory Manual" de James G. Cappuccino e Chad T. Welsh** - Fornece exercícios práticos de laboratório e técnicas para o estudo de microrganismos.

6. **"Molecular Biology of the Cell", de Bruce Alberts, Alexander Johnson, Julian Lewis, David Morgan, Martin Raff, Keith Roberts e Peter Walter** - Embora mais abrangente do que apenas microbiologia, este livro oferece uma visão dos aspectos celulares e moleculares relevantes para a biologia microbiana.

7. **"Microbial Ecology: Fundamentals and Applications" de Ronald M. Atlas e Richard Bartha** - Centra-se nos aspectos ecológicos dos microrganismos, incluindo o seu papel nos ecossistemas e nos processos ambientais.

8. **"Bailey & Scott's Diagnostic Microbiology" de Patricia Tille** - Um guia completo para técnicas e procedimentos de microbiologia de diagnóstico utilizados em ambientes clínicos.

9. **"Medical Microbiology" de Patrick R. Murray, Ken S. Rosenthal e

Michael A. Pfaller - Abrange a microbiologia das doenças infecciosas, incluindo a identificação de agentes patogénicos, epidemiologia e resistência antimicrobiana.

10. **"Review of Medical Microbiology and Immunology" de Warren Levinson** - Um livro de revisão conciso que abrange os principais tópicos da microbiologia e imunologia médicas, ideal para a preparação para exames.

11. **"Textbook of Diagnostic Microbiology" de Connie R. Mahon, Donald C. Lehman e George Manuselis** - Fornece informações pormenorizadas sobre métodos laboratoriais para a deteção e identificação de microrganismos em amostras clínicas.

12. **"Microbiology: Principles and Explorations" de Jacquelyn G. Black** - Um livro didático que abrange os fundamentos da microbiologia, incluindo a estrutura, função e genética microbianas.

13. **"Microbiology: A Systems Approach", de Marjorie Kelly Cowan** - Sublinha a interligação dos sistemas microbianos e o seu impacto na saúde humana e no ambiente.

14. **"Essentials of Medical Microbiology" de Apurba Sankar Sastry e Sandhya Bhat** - Um guia conciso dos conceitos de microbiologia médica, com destaque para as doenças infecciosas e os seus agentes causadores.

15. **"Manual of Clinical Microbiology" de Karen C. Carroll, Michael A. Pfaller e Marie Louise Landry** - Uma referência completa para microbiologistas clínicos, que abrange técnicas laboratoriais, identificação microbiana e testes de suscetibilidade antimicrobiana.

16. **"Microbiology and Immunology" de Richard A. Harvey e Pamela C. Champe** - Uma abordagem integrada da microbiologia e da imunologia, com ênfase nas interacções entre o hospedeiro e o agente patogénico e nas respostas imunitárias.

17. **"Microbiologia: Laboratory Theory and Application" de Michael J. Leboffe e Burton E. Pierce** - Um livro centrado no laboratório que

abrange técnicas de microbiologia, experiências e análise de dados.

18. **"Microbiologia: Laboratory Exercises" de John P. Harley** - Apresenta uma coleção de exercícios de laboratório de microbiologia adequados a estudantes de licenciatura.

19. **"Microbiology with Diseases by Taxonomy" de Robert W. Bauman** - Integra o estudo dos microrganismos com as doenças que causam, destacando a classificação taxonómica dos agentes patogénicos.

20. **"Microbiology for Dummies" de Jennifer C. Stearns e Michael G. Surette** - Um guia para principiantes sobre conceitos de microbiologia, adequado para estudantes e entusiastas que procuram uma introdução a esta área.

21. **"Microbial Physiology" de Albert G. Moat, John W. Foster e Michael P. Spector** - Centra-se nos processos fisiológicos dos microrganismos, incluindo o metabolismo, o crescimento e a regulação.

22. **"Microbiology: An Evolving Science" de Joan L. Slonczewski e John W. Foster** - Explora a natureza dinâmica da investigação em microbiologia e o seu impacto na sociedade e na tecnologia.

23. **"Industrial Microbiology: An Introduction" de Michael J. Waites, Neil L. Morgan, John S. Rockey e Gary Higton** - Abrange a aplicação da microbiologia em processos industriais, incluindo fermentação, bioremediação e biocombustíveis.

24. **"Microbiologia: Applications and Connections" de Ronald M. Atlas** - Examina as aplicações práticas da microbiologia em vários domínios, como a agricultura, a biotecnologia e a saúde pública.

25. **"Environmental Microbiology: From Genomes to Biogeochemistry" de Eugene L. Madsen** - Explora o papel dos microrganismos nos processos ambientais, incluindo o ciclo de nutrientes, a bioremediação e as alterações climáticas.

26. **"Veterinary Microbiology and Microbial Disease" de P. J. Quinn, B. K. Markey, F. C. Leonard, P. Hartigan, e S. Fanning** - Centra-se na microbiologia das doenças infecciosas dos animais, incluindo o diagnóstico,

tratamento e prevenção.

27. **"Microbial Genetics" de Stanley Maloy, John E. Cronan e David Freifelder** - Aborda os princípios da genética microbiana, incluindo mecanismos de transferência de genes, engenharia genética e genómica.

28. **"Microbial Biotechnology: Fundamentals of Applied Microbiology" de Alexander N. Glazer e Hiroshi Nikaido** - Explora a utilização de microrganismos em aplicações biotecnológicas, como a bioprodução, a bioengenharia e os biomateriais.

29. **"Microbial Ecology: Principles, Methods, and Applications" de Ronald M. Atlas e Richard Bartha** - Um guia completo para estudar as comunidades microbianas, as suas interacções e o seu papel nos ecossistemas.

30. **"Food Microbiology: Fundamentals and Frontiers" de Michael P. Doyle e Robert L. Buchanan** - Centra-se na microbiologia da segurança e qualidade alimentar, incluindo agentes patogénicos de origem alimentar, microrganismos de deterioração e técnicas de conservação de alimentos.

Printed by Books on Demand GmbH, Norderstedt / Germany